# 历山国家级自然保护区
## 常见鸟类识别手册

山西历山国家级自然保护区管理局　编

中国林业出版社

## 编委会

主　　编：史荣耀

执行主编：李　桐

副 主 编：郎彩琴　樊恩宇　张　璐　冀爱民　侯永平

撰 稿 人：徐茂宏　许佳林　史荣耀　郎彩琴　樊恩宇　李　桐
　　　　　张　璐　侯永平　冀爱民　薛红忠　陈　瑞　冯文栋
　　　　　王　姣　白怀智　赵　伟　张佳欣　李琪琪

### 图书在版编目（CIP）数据

历山国家级自然保护区常见鸟类识别手册 / 山西历
山国家级自然保护区管理局编. -- 北京：中国林业出版
社, 2022.1

　　ISBN 978-7-5219-1552-5

Ⅰ.①历… Ⅱ.①山… Ⅲ.①自然保护区—鸟类—沁
水县—手册 Ⅳ.①Q959.708-62

中国版本图书馆CIP数据核字(2022)第010707号

**中国林业出版社·自然保护分社（国家公园分社）**

策划编辑：肖静

责任编辑：葛宝庆　肖静

出版　中国林业出版社（100009　北京市西城区刘海胡同7号）
　　　　http://www.forestry.gov.cn/lycb.html　　电话：（010）83143577、83143612

印刷　北京博海升彩色印刷有限公司

版次　2022年1月第1版

印次　2022年1月第1次印刷

开本　880mm×1230mm　1/32

印张　5.25

字数　180千字

定价　60.00元

# 前 言

　　历山国家级自然保护区是秦岭以北黄河流域生物多样性富集区，享有"华北动植物基因库"的美誉。历山主峰舜王坪海拔2358米，百顷亚高山草甸被评为"山西省特色花海基地""山西最美草原"，核心区内约937公顷的七十二混沟分布着华北地区唯一留存且生态系统较为完整的斑块状原始森林，素有"华北绿肺"之称，具有重要保护和科研价值。

　　历山国家级自然保护区气候温暖湿润，地形地貌类型复杂，土壤类型多样，具有独特的生态、物种和景观多样性，孕育了丰富的动植物资源。就鸟类分布而言，历山地区处在我国境内三个鸟类地理区系的交错地带（华北区、华中区、西南区），物种组成有其独特性，鸟类分布与山西省内的其他自然地理单元能够表现出显著的差异性。近年来，伴随着气候变化和区域内的植被演替，历山及至整个中条山脉作为山西省鸟类资源最丰富的区域及候鸟迁徙途中的重要栖息地，其鸟类物种组成发生了一定的变化。

　　数十年来，历山国家级自然保护区的科研工作者对历山鸟类资源进行了广泛深入的调查，较为系统、准确地记述了历山的鸟类资源。随着生物多样性保护、生态文明建设和社会经济的不断发展，野外观鸟成为社会大众的一种休闲生活方式。因此，一本直观易懂，图文并茂，集知识性、科普性和实用性于一体，比较全面系统介绍历山鸟类的《历山国家级自然保护区常见鸟类识别手册》就成为满足多方需求的必需。

作为一本工具书，本书旨在帮助读者在野外快速识别鸟类。对野生鸟类介绍以图片为主，辅以保护级别、地理分布、特征介绍。本书鸟类分类体系、地理分布以郑光美院士的《中国鸟类分类与分布名录(第三版)》为标准，共收录鸟类17目51科152种，照片全部为野外实拍，所用照片最大限度减少外界干扰，最大化呈现鸟类自然状态下的特征。

野外考察得到山西省林业和草原局、山西省中条山国有林管理局、山西省生物多样性保护中心等单位领导和技术人员的大力帮助，没有他们的帮助和支持要完成野外考察工作是难以想象的，在此表示衷心感谢！本书得到"山西历山2018年林业国家级自然保护区补助资金建设项目"资金资助，在此表示感谢！同时感谢中国林业出版社肖静、葛宝庆编辑对本书出版的关心和帮助！

由于编者的业务水平和能力有限，疏漏之处在所难免，欢迎读者批评指正。

编者

# 目 录

# 勺鸡

| | |
|---|---|
| 学　名 | *Pucrasia macrolopha* |
| 英文名 | Koklass Pheasant |
| 分　类 | 鸡形目 / 雉科 |

体长：58～64厘米。

特征：大型雉类，身材敦实，雄鸟具明显的冠羽。雄鸟头顶及冠羽近黑色；脸颊、枕部及喉黑绿色；颈部两侧有明显的白斑，胸部栗色；躯干皮黄色夹杂灰色，并密布羽干纹。雌鸟体形偏小，冠羽较短，躯干斑纹与雄鸟相似，但体色更偏灰色。

裸区：虹膜深褐色；喙黑色；脚灰色。

居留类型：留鸟。

分布：全球见于喜马拉雅地区。我国分布于华北、华中至西南地的高海拔山地。历山山区中高海拔林区林下可见。

习性：典型的山地森林雉类，主要活动于中高海拔林区，多单独或成对活动。常在林下落叶间翻捡觅食。

保护等级：国家二级。

# 褐马鸡

学　名 *Crossoptilon mantchuricum*

英文名 Brown Eared Pheasant

分　类 鸡形目 / 雉科

📏 体长：83～110厘米。

🧭 特征：大型雉类，躯干褐色。头颈羽色偏黑，眼周裸皮鲜红色，喉、颊部和耳羽簇白色。耳羽簇较长，于脸部两侧沿后脑方向伸出头顶。腰部和尾羽白色，中央尾羽翘起呈马尾状，尾羽末端黑色。

🐾 裸区：虹膜橙色；喙肉色；脚红色，有距者为雄性。

🌡 居留类型：留鸟。

📍 分布：中国特有种，可见于山西、陕西、河北、北京等地山区。历山舜王坪于2020年首次记录到褐马鸡，并于2021年获得红外相机影像。

🎨 习性：夏季主要活动于高海拔的针阔混交林或针叶林中。冬季喜集群活动，主要以植物性食物为食，也取食小型动物。

🔖 保护等级：国家一级。

# 环颈雉

学　名　*Phasianus colchicus*
英文名　Common Pheasant
分　类　鸡形目 / 雉科

体长：雄鸟78～90厘米，雌鸟58～63厘米。

特征：雄鸟头颈墨绿色，眼周裸皮红色，眼后墨绿色耳羽簇明显；胸腹部及两肩深栗色，两胁和颈背部黄色，翼上小覆羽和腰部灰绿色，腹部有一大块黑色区域；尾羽较长，黄褐色，上有黑色横纹。雌鸟个体较小，全身土黄色，杂以深褐色斑纹。

居留类型：留鸟。

分布：自然分布于亚欧大陆中东部，但现被引种于全球各地。历山各类自然生境及农田全年常见。

习性：多活动于历山中低海拔的林缘灌丛、农田、湿地等生境，也见于舜王坪等高海拔草甸地带。善地面奔走，经常突然从脚边惊飞。以种子、嫩芽以及昆虫等无脊椎动物为食。

# 红腹锦鸡

| 学　名 | *Chryssolopus pictus* |
| --- | --- |
| 英文名 | Golden Pheasant |
| 分　类 | 鸡形目 / 雉科 |

体长：83～110厘米。

特征：身体修长的雉类，羽色极为华丽。头部具有醒目的金黄色丝状羽冠，枕部金黄色饰羽较长并具黑色横斑。上背金属绿色，其下为黄色，下体绯红色。翼较短，金属蓝色。尾长而弯曲，中央尾羽近黑色而具皮黄色点斑。

裸区：虹膜黄色；喙黄色；脚黄色。

居留类型：留鸟。

分布：中国鸟类特有种，常见于华中和西南地区的山地。历山山区可见。

习性：夏季主要活动于高海拔的针阔混交林或针叶林中。冬季常结大群迁徙至低海拔灌丛等生境，受惊会快速奔走。以种子、嫩芽以及昆虫等无脊椎动物为食。

保护等级：国家二级。

# 鸳鸯

| 学　名 | *Aix galericulata* |
| 英文名 | Mandarin Duck |
| 分　类 | 雁形目 / 鸭科 |

体长：40～45厘米。

特征：雄鸟繁殖羽羽色华丽，整体偏橙褐色。雄鸟头顶有栗色和墨绿色冠羽，眼后有很粗的白色眉纹，两颊及颈部为黄棕色放射型披针状羽毛；胸部紫色，胸侧有两条白色条纹与白色的腹部相通，两胁暗黄色；双翼各有一个黄棕色的帆状三级飞羽。雌鸟头部暗灰色，有白色眼圈，胸背部褐色，胸部及两胁有白色斑点和条纹，腹部白色。雄鸟非繁殖羽和雌鸟相近，但鸟喙为粉色。翼镜蓝色。

裸区：虹膜深褐色；雄鸟喙粉色，雌鸟喙灰色；脚橙黄色；翼镜蓝色。

居留类型：夏候鸟，旅鸟，冬候鸟。

分布：全球分布于东亚地区。我国繁殖于北方，冬季迁徙至华南。历山分布有繁殖鸟，但冬季亦出现在开阔的不封冻水体。

习性：由于树洞巢繁殖的习性，在历山夏季见于植被良好的山涧溪流、沼泽、湖泊处，营巢于较粗壮树木的树洞中。主要以水生植物为食，兼食小型水生动物。

保护等级：国家二级。

# 绿头鸭

| 学　名 | *Anas platyrhynchos* |
| --- | --- |
| 英文名 | Mallard |
| 分　类 | 雁形目 / 鸭科 |

**体长**：47 ~ 62厘米。

**特征**：常见的中大型河鸭。雄鸟头颈墨绿色，胸部深栗色，有一白色细颈环，背部和腹部淡褐色；尾羽及尾下覆羽黑色，中央两对尾羽卷曲上翘，呈钩状。雌鸟整体黄褐色，有黑色斑纹。翼镜蓝色。

**裸区**：虹膜深色；雄鸟喙黄绿色，雌鸟喙黑褐色；脚橙黄色。

**居留类型**：夏候鸟，旅鸟，冬候鸟。

**分布**：全球分布于整个全北界。我国几乎遍布全境。历山各类水体较常见。

**习性**：栖息于开阔生境的各类水体之中，食性杂，主要以水生植物为食，兼食小型水生动物。

# 绿翅鸭

| 学　名 | *Anas crecca* |
| 英文名 | Euarsian Teal |
| 分　类 | 雁形目 / 鸭科 |

体长：34～38厘米。

特征：小型河鸭。雄鸟繁殖羽头栗色；眼部有金属亮绿色的斑块，周围皮黄色线条边界贯穿整个头部；胸部色淡，有黑色斑点；于水面活动时可见白色肩羽贯穿背部；尾侧有醒目的乳白色斑块，肛周黑色。雌鸟深褐色，头部有黑色贯眼纹，两胁有贝壳状纹路，飞行时上翼可见绿色翼镜。

裸区：虹膜黑色；喙黑色；脚黑色；翼镜绿色。

居留类型：旅鸟，冬候鸟。

分布：繁殖于亚欧大陆北部，迁徙时经过国内中东部大部分地区。历山各类水体迁徙季多见，冬季出现在不封冻的水体。

习性：常结小群栖息于开阔的湿地生境，主要以水生植物为食，兼食小型水生动物。

# 斑嘴鸭

| | |
|---|---|
| 学 名 | *Anas zonorhyncha* |
| 英文名 | Eastern Spot-Billed Duck |
| 分 类 | 雁形目 / 鸭科 |

**体长**：50～64厘米。

**特征**：常见的中大型鸭类。两性均具有橙黄色喙端，整体黄褐色，头顶和贯眼纹黑色，眉纹白色，头颈部颜色较浅，与深色躯干呈明显对比。胸部有浅褐色细纵纹。翼镜蓝色，雌雄体羽颜色相近。

**裸区**：虹膜深褐色；喙黑色，前端有黄色斑块；脚橙黄色。

**居留类型**：夏候鸟，冬候鸟，旅鸟。

**分布**：为我国中东部地区常见雁鸭类，繁殖于我国北方及东北亚地区，越冬于华南各地。历山各类水体较常见。

**习性**：栖息于开阔生境的各类水体之中。食性杂，主要以水生植物为食，兼食小型水生动物。

# 凤头䴙䴘

| | |
|---|---|
| 学 名 | *Podiceps cristatus* |
| 英文名 | Great Crested Grebe |
| 分 类 | 䴙䴘目 / 䴙䴘科 |

**体长**：45~48厘米。

**特征**：前额至头顶黑色，脸部、颈部、腹部为白色。头顶两侧羽毛形成两束黑色长形冠羽，颈背、后背黑色。繁殖羽冠羽较长，脸颊两侧各有一片黑色领状饰羽，两颊、颈侧、两胁红棕色。非繁殖期冠羽较短，身体呈黑白两色。幼鸟头胸部有黑白色纵纹。

**裸区**：虹膜红色；繁殖期喙黑色，非繁殖期喙肉色；脚黄绿色。

**居留类型**：旅鸟，夏候鸟。

**分布**：全球广布于旧大陆和澳洲。我国几乎遍布全境。历山各类开阔水体易见。

**习性**：繁殖于山区水库等较为开阔的水体，繁殖期会在开阔水面上进行颇具观赏性的镜像舞蹈。潜水捕捉各类水生生物为食。喜在挺水植物间筑浮巢繁殖。

# 小鸊鷉

学　名　*Tachybaptus ruficollis*
英文名　Little Grebe
分　类　鸊鷉目／鸊鷉科

体长：25～32厘米。

特征：繁殖羽通体黑褐色，颈部红褐色，腹部白色。非繁殖羽整体暗淡，颈部和身体两侧浅褐色，腹部白色。幼鸟头胸部有黑白色纵纹。

裸区：虹膜黄色；繁殖期喙黑色，非繁殖期喙暗黄色，喙基有明显黄白色斑块；脚深灰色。

居留类型：夏候鸟，旅鸟，冬候鸟。

分布：全球广泛分布于欧洲、亚洲和非洲的大部分地区。我国除青藏高原外，大部分地区常见。历山各类水体易见。

习性：栖息于各类水体之中，通过潜水方式捕捉鱼、虾等各种水生生物。在芦苇、水草间筑浮巢繁殖。

# 岩鸽

| 学　名 | *Columba rupestris* |
|---|---|
| 英文名 | Hill Pigeon |
| 分　类 | 鸽形目 / 鸠鸽科 |

📏 **体长**：30 ~ 35厘米。

🧭 **特征**：中等体形的鸠鸽类。整体青灰色，颈部有红绿色金属光泽，停栖时可见翼上两条黑色横斑。飞行时可见从背部至尾部颜色排列为灰白灰黑白黑，可以与野化家鸽相区别。

👀 **裸区**：虹膜橙红色；喙黑色，蜡膜白色；脚红色。

🌡 **居留类型**：留鸟。

📍 **分布**：全球分布于古北界偏东部。我国北方山区广布。历山山地岩壁及开阔生境可见。

🌀 **习性**：多栖息于岩壁较多的山区生境，营巢于岩壁缝隙或洞穴中。非繁殖期喜集群，冬季常聚集于山脚的农田生境。采食植物性食物为主，喜欢嫩芽、果实、种子等。

# 珠颈斑鸠

**学 名** *Streptopelia chinensis*

**英文名** Spotted Dove

**分 类** 鸽形目 / 鸠鸽科

🏹 体长：27～30厘米。

🧭 特征：体形略小的鸠鸽类。整体灰褐色，头颈呈粉色，繁殖期胸腹部亦为粉色。颈侧及颈后有布满白点的黑色斑块，但幼鸟斑点并不显著。尾羽较长，除中央尾羽外，外侧尾羽有灰白色端斑。

👁 裸区：虹膜橙红色；喙黑灰色，蜡膜黑灰色；脚暗红色。

🌡 居留类型：留鸟。

📍 分布：全球见于南亚和东南亚地区。我国中东部地区常见。历山常见。

⚙ 习性：拥有较强的适应性，栖息于各种类型的适宜生境。历山地区多分布于低海拔林区，且偏爱人类聚落附近的农田、林地等生境。在地面采食植物性食物为主，喜欢嫩芽、果实、种子等。

# 山斑鸠

学　名　*Streptopelia orientalis*

英文名　Oriental Turtle Dove

分　类　鸽形目 / 鸠鸽科

🏹 体长：33 ~ 35厘米。

🗡 特征：中等体形的鸠鸽类，较同区域其他斑鸠显得头小而偏胖。前额灰蓝色，头及脸颊粉褐色，颈侧有黑白相间的横斑，肩羽和上覆羽深褐色但具有明显棕色羽缘，形成鱼鳞状纹路。尾羽色深，尾端浅灰色。

🐼 裸区：虹膜橙红色；喙黑灰色，蜡膜黑灰色；脚暗红色。

🌡 居留类型：留鸟。

📍 分布：全球见于亚洲中东部地区。我国除青藏高原外，各地常见。历山中低海拔农林地可见。

🌀 习性：繁殖期较其他鸠鸽类更喜欢在山地林区活动，但在较为开阔的农田和郊野也可以看到。在地面采食植物性食物为主，喜欢嫩芽、果实、种子等。

# 普通夜鹰

学 名 *Caprimulgus indicus*

英文名 Grey Nightjar

分 类 夜鹰目 / 夜鹰科

**体长**：27～32厘米。

**特征**：体形中等的夜鹰。整体羽色偏灰褐色，全身密布黑褐色的斑纹及灰色的蠹状斑。脸颊色深，有白色颊纹和深褐色的耳羽，耳羽下方有皮黄色弧形斑块。喉部有白色块，下体密布黑色细纹。日间惊飞时可见其缓慢煽翅，雄鸟可见其初级飞羽基部明显的白色区域。

**裸区**：虹膜黑色；喙黑色；脚灰色。

**居留类型**：夏候鸟。

**分布**：繁殖于我国中东部、华北和东北地区，以及国外的东北亚地区，越冬于东南亚地区。历山地区夏季可见。

**习性**：林栖鸟类，夜间常在林间空地及林缘活动，飞行时捕食各类飞虫。晨昏及夜间能听到其单调且持续的叫声。具有极佳的保护色，日间栖停时难以被发现。

# 普通雨燕

学　名　*Apus apus*
英文名　Common Swift
分　类　夜鹰目 / 雨燕科

⚒ 体长：17～20厘米。

📍 特征：通体偏深褐色，视觉上较家燕大，两翅更为狭长，呈镰刀状。喙短阔且扁平，喉部颜色较淡。飞行时可观察到明显的尾叉型。

👁 裸区：虹膜深色；喙黑色；脚黑色。

🌡 居留类型：夏候鸟。

📍 分布：繁殖于亚欧大陆偏北部，越冬于非洲。我国北方大部分常见。多在历山低山崖壁周围活动。

☀ 习性：夏季多在岩石缝隙中繁殖，常集大群活动，飞行时常发出凄厉的叫声。迁徙时经过亚洲西部至非洲南部越冬，是我国迁徙距离较长的鸟类之一。以飞虫为食，在空中完成捕食。

夜鹰目

015

# 大杜鹃

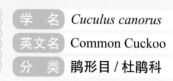

学　名 *Cuculus canorus*

英文名 Common Cuckoo

分　类 鹃形目 / 杜鹃科

🗺 **体长**：32 ~ 36厘米。

📍 **特征**：中型杜鹃，比四声杜鹃略大。除腹部外，呈现浅灰色，下体白色且有较细的黑色横纹，尾羽深色有不明显白斑。棕色型雌鸟上体红棕色，有黑色横纹，但腰部无斑纹。幼鸟颜色更加偏褐色，通常枕部具有明显的白色区域。虹膜明黄色较其他杜鹃种类更浅。

💀 **裸区**：虹膜黄色；喙黑灰色，喙基黄色；脚黄色。

🌡 **居留类型**：夏候鸟。

📍 **分布**：全球广泛分布于欧亚大陆，迁徙至非洲和南亚地区越冬。我国除青藏高海拔地区外，大部分区域常见。历山夏季常见。

🌀 **习性**：多在湿地周围的开阔生境活动。繁殖期雄鸟不断重复"布谷"的叫声。多巢寄生于苇莺属或其他小型雀形目鸟类。以昆虫为食，偏爱毛虫。

# 四声杜鹃

学　名　*Cuculus micropterus*

英文名　Indian Cuckoo

分　类　鹃形目 / 杜鹃科

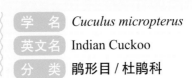

体长：30～32厘米。

特征：体形略小于大杜鹃，但野外依据体形不能分辨。成年雄鸟除腹部外全身灰色，雌鸟颜色更显灰褐色。腹部白色具宽窄不一的黑色横纹。尾长，尾羽背面与腰同色，宽大的黑色次端斑十分显著，所有尾羽外端均露白色。背部颜色较大杜鹃偏褐色，虹膜颜色比大杜鹃深。叫声为四音一拍，似"咕咕哭苦"。

裸区：虹膜深色；喙黑灰色，喙基黄色；脚黄色。

居留类型：夏候鸟。

分布：我国胡焕庸线以东常见，越冬于东南亚及南亚。历山海拔较低的森林林缘、农田周围的树林中初夏常听见。

习性：偏爱在低山丘陵地带活动。在历山多寄生于灰喜鹊、卷尾类的巢中。以昆虫为食。

鹃形目

017

# 噪鹃

学 名 *Eudynamys scolopaceus*
英文名 Common Koel
分 类 鹃形目 / 杜鹃科

体长：38 ~ 42厘米。

特征：大型杜鹃，体形粗壮。雄鸟通体乌黑色并带有金属光泽。雌鸟灰褐色，全身密布浅色斑点，尾羽有白色横斑。

裸区：虹膜红色；喙为暗绿色；脚黑色。

居留类型：夏候鸟。

分布：全球见于东洋界和大洋洲界。我国主要分布于黄河下游以南的地区，但近年来也出现整体北扩的现象。历山夏季常见。

习性：多在山地丘陵等植被茂密且有高大乔木的地带活动。叫声为连续重复的"Ku-o"，常隐匿在树冠层昼夜鸣叫，通常是只闻其声不见其鸟。多选择鸦科为巢寄生宿主，由义亲代为孵化哺育。主要取食各类果实。

# 大鹰鹃
# （鹰鹃）

| 学 名 | *Hierococcyx sparverioides* |
|---|---|
| 英文名 | Large Hawk-Cuckoo |
| 分 类 | 鹃形目 / 杜鹃科 |

体长：35～40厘米。

特征：大型鹃类。成鸟头顶及脸颊深灰色，颏部有小块黑色。上体暗褐色，尾羽具横斑，胸部红棕色，腹部白色，具黑色横纹。因其形态和体色常被误认为雀鹰，故得名。亚成鸟喉部有纵纹，胸部无红棕色，后背亦有较为斑驳的横斑。叫声响亮并持续，容易辨识。

裸区：虹膜黄色；喙黑灰色；脚黄色。

居留类型：夏候鸟。

分布：全球见于东南亚。我国中东部地区和华北较为常见。历山山地初夏经常听到。

习性：在山地丘陵等有高大乔木的地方活动，常昼夜鸣叫。但性情隐匿，不容易被观察到。主要巢寄生于鹃类、鸦科等鸟类。以各种昆虫为食，尤其喜食毛虫。

# 黑水鸡

| | |
|---|---|
| 学　名 | *Gallinula chloropus* |
| 英文名 | Common Moorhen |
| 分　类 | 鹤形目 / 秧鸡科 |

体长：25～35厘米。

特征：体色黑褐色，两胁有白色纵纹，尾下覆羽两侧也为白色。头顶有显著的红色额甲。幼鸟形似黑色毛球，头部裸露红色。亚成鸟黄褐色，额甲不红。

裸区：虹膜红色；喙红色，喙尖黄色；脚黄绿色。

居留类型：夏候鸟，留鸟。

分布：我国除青藏高原外，各地常见。全球广泛分布于亚洲、欧洲和非洲。历山各类湿地常见。

习性：趾细长，善于在浮水植物上行走，也可划水游泳。以各种水生动植物为食。借芦苇、菖蒲等挺水植物营巢繁殖。

# 白骨顶
（骨顶鸡）

| 学　名 | *Fulica atra* |
| 英文名 | Common Coot |
| 分　类 | 鹤形目 / 秧鸡科 |

体长：35～45厘米。

特征：通体黑色。次级飞羽末端白色，仅飞行可见。额甲白色。幼鸟形似黑色毛球，头部裸露红色，颈部绒羽黄色。

裸区：虹膜红色；喙白色；脚绿色，趾白色。

居留类型：旅鸟，夏候鸟。

分布：全球广泛分布于亚洲、欧洲、非洲和大洋洲。我国除青藏高原外，各地常见。历山低海拔较为开阔的湿地及水库环境可见。

习性：瓣蹼足，善于游泳，也可在浮水植物上行走。以各种水生动植物为食。借芦苇等挺水植物营巢繁殖。

# 鹮嘴鹬

| 学 名 | *Ibidorhyncha struthersii* |
| --- | --- |
| 英文名 | Ibisbill |
| 分 类 | 鸻形目 / 鹮嘴鹬科 |

**体长**：38 ~ 42厘米。

**特征**：整体为黑白灰色的鸻鹬类，鲜红色长而下弯的大嘴极易识别。头顶、脸、颏喉部黑色。头后、颈部至整个上体均为灰色，腹部白色，颈胸连接处有白色和黑色两道领环。

**裸区**：虹膜红色；喙红色；脚红色，无后趾。

**居留类型**：留鸟。

**分布**：全球见于喜马拉雅山脉西部和南部。我国华北和中西部山区可见。历山见于卵石质河滩。

**习性**：多栖息于山间多卵石河流中及河滩上，并在其间营巢。弯曲的长喙便于在砾石缝隙中取食各种近水昆虫，也兼食鱼虾和软体动物。

**保护等级**：国家二级。

# 黑翅长脚鹬

| 学 名 | *Himantopus himantopus* |
| 英文名 | Black-winged Stilt |
| 分 类 | 鸻形目 / 反嘴鹬科 |

**体长**：30～40厘米。

**特征**：脚细长，身材高挑。雄鸟头顶和颈背黑色，背部和两翼带有金属光泽；下体和尾部白色，并上延在腰背形成白色的楔形区域。雌鸟和亚成鸟头部黑色区域较少，亚成鸟黑色区域偏淡。

**裸区**：虹膜红色；喙红色；脚红色。

**居留类型**：夏候鸟。

**分布**：全球广布于北半球、非洲及大洋洲，但亚种分化较多。我国广泛分布。历山开阔的湿地环境可见。

**习性**：繁殖季栖息于开阔湿地，迁徙季可见大群集结。地面营巢。在浅水处涉水觅食，主要以小型水生动物为食。

# 金眶鸻

| 学 名 | *Charadrius dubius* |
| 英文名 | Little Ringed Plover |
| 分 类 | 鸻形目 / 鸻科 |

历山国家级自然保护区常见鸟类识别手册

024

**体长**：16～18厘米。

**特征**：小型鸻类。成鸟上体灰褐色，腹部白色；前额白色，头顶前部、眼先、眼罩黑色，颈部有白、黑两道颈环。亚成鸟全身浅褐色代替黑色区域。个体较长嘴剑鸻小，喙和尾羽较长嘴剑鸻短，金色眼圈比长嘴剑鸻粗且鲜艳。

**裸区**：虹膜黑色；喙黑色，繁殖期下喙喙基黄色；脚橙黄色。

**居留类型**：夏候鸟。

**分布**：全球广泛分布于亚洲、欧洲和非洲北部。我国除青藏高原外，各地常见。历山开阔的湿地环境可见。

**习性**：繁殖于湿地周边的卵石及砂石河滩，营地面巢。常在河滩上小跑，捕食各种小型无脊椎动物。

# 长嘴剑鸻

| 学 名 | *Charadrius placidus* |
| 英文名 | Long-billed Plover |
| 分 类 | 鸻形目 / 鸻科 |

体长：18～24厘米。

特征：体形较大的鸻。成鸟上体浅褐色，下体白色；前额白色，额上黑色，贯眼纹棕色，繁殖羽颈部具有完整的黑色领环。亚成鸟颜色较浅，脸部颜色对比不明显。整体配色与金眶鸻类似，但体形明显大于金眶鸻，动作频率较金眶鸻缓慢，眼圈较金眶鸻暗淡。

裸区：虹膜深色，眼圈淡黄色；喙黑色；脚淡黄色。

居留类型：留鸟或夏候鸟。

分布：繁殖于亚洲东北部，越冬于东南亚。历山较宽阔的溪谷河流可见。

习性：繁殖于多卵石河谷，于石块间营地面巢。迁徙季见于各类湿地。主要以小型水生动物为食。

鸻形目

025

# 白腰草鹬

学　名　*Tringa ochropus*
英文名　Green Sandpiper
分　类　鸻形目 / 鹬科

🔲 **体长**：18～22厘米。

🧭 **特征**：中等体形的鹬类，体形矮壮敦实。成鸟繁殖羽上体褐色且散布白色点斑，胸部具有灰褐色色带，喉部、腹部白色。眉纹白色，贯眼纹深色。飞行时可见呈方形的白色腰部以及深色翼下。尾羽具有黑色粗横斑。

🐾 **裸区**：虹膜褐色；喙黑色；脚暗绿色。

🌡 **居留类型**：旅鸟。

📍 **分布**：全球广泛分布于亚欧大陆、非洲和大洋洲。我国常见。迁徙季历山各类水体均可见到。

☀ **习性**：繁殖于亚欧大陆北部的森林、湿地，越冬于东南亚至非洲。迁徙时各类湿地可见。主要以小型水生动物为食。

# 林鹬

学　名 *Tringa glareola*

英文名 Wood Sandpiper

分　类 鸻形目 / 鹬科

**体长**：18~22厘米。

**特征**：中型鹬类。繁殖羽上体灰褐色而密布浅色斑点，具有醒目的白色眉纹。飞行时可见白色腰部，尾羽白色且有褐色窄斑，翼下色浅。与白腰草鹬相似，但脚更长，体态更加纤细。

**裸区**：虹膜黑色；喙黑色；脚淡黄色。

**居留类型**：旅鸟。

**分布**：繁殖于亚欧大陆北部，越冬于非洲、南亚、东南亚及澳大利亚。历山迁徙季可见于开阔的湿地环境。

**习性**：繁殖于北方森林湿地，迁徙时全国可见。迁徙季常见于水田及河流的泥质滩涂，常结群。主要以小型水生动物为食。

# 矶鹬

| 学　名 | *Actitis hypoleucos* |
| 英文名 | Common Sandpiper |
| 分　类 | 鸻形目 / 鹬科 |

**体长**：19～21厘米。

**特征**：小型鹬类，颈、喙和腿皆短。成鸟繁殖羽上体灰褐色，胸部具有灰褐色斑块，喉部、腹部和翼下白色。眉纹白色，贯眼纹深色。肩部露出胸侧自翼角向上延伸的白色楔形区域，可以同其他鸻鹬进行快速区分。

**裸区**：虹膜深色；喙黑色；脚黄绿色。

**居留类型**：旅鸟。

**分布**：全球广泛分布于亚欧大陆、非洲和大洋洲。我国广泛分布。历山开阔的湿地环境可见。

**习性**：迁徙时各类湿地可见，常沿水边快速行走，行动时尾总是不停地上下摆动。主要以小型水生动物为食。

# 黑鹳

学 名 *Ciconia nigra*
英文名 Black Stork
分 类 鹳形目 / 鹳科

📏 **体长**：100～120厘米。

🔖 **特征**：成鸟头颈、上体和尾羽黑色，具有彩色金属光泽；腹部、腋部和尾下覆羽白色；眼周裸皮红色。亚成鸟黑褐色显著，无彩色金属光泽，眼周裸皮及鸟喙不显红色。

🎭 **裸区**：虹膜深色；喙红色；脚红色。

🌡️ **居留类型**：留鸟，夏候鸟。

📍 **分布**：繁殖于山西省大部分地区的适宜生境，冬季向南迁徙，部分个体选择在省内一些城市或者低海拔地区不封冻水域越冬。历山湿地生境可见。

🐾 **习性**：栖息于北方山区河谷或山区湖库地带，利用岩壁延伸处做巢繁殖。冬季越冬于湖泊、沼泽、入海口等开阔湿地。涉水捕食各种水生鱼虾等水生动物。

🏵️ **保护等级**：国家一级。

# 黄斑苇鳱

学　名　*Ixobrychus sinensis*
英文名　Yellow Bittern
分　类　鹈形目 / 鹭科

体长：30~36厘米。

特征：体呈黄褐色。成年雄鸟头顶、飞羽和尾羽黑色，翼上大覆羽和翼下覆羽白色，腹部颜色较浅。雌鸟头顶颜色较雄鸟更浅，颈部有较为清晰的纵纹。亚成鸟头颈部及背部多黄褐色纵纹，下体偏白色。

裸区：虹膜黄色，繁殖羽眼先粉红色；喙黄色；脚黄绿色。

居留类型：夏候鸟。

分布：全球广泛分布于亚欧大陆东部及澳洲地区。夏季在我国胡焕庸线以东地区常见。历山湿地夏季可见。

习性：多在芦苇、菖蒲等挺水植物中繁殖栖息，性隐匿。常抓握于挺水植物上捕食鱼虾等水生生物。

# 绿鹭

| 学 名 | *Butorides striata* |
| 英文名 | Striated Heron |
| 分 类 | 鹈形目 / 鹭科 |

体长：38～45厘米。

特征：灰绿色小型鹭类，雌雄相似。头顶具黑色，眼下有一黑色横纹。脸颊、颏喉部有白色，喉部以下有一条白色纵纹向下延伸。其余部分为灰色，翼上覆羽和飞羽显灰绿色，具有整齐的白色羽缘。亚成鸟整体暗褐色，颈部白色纵纹较多，翼上白色边缘杂乱。

裸区：虹膜及眼先黄绿色；喙黑色，下喙基部黄绿色；脚黄绿色。

居留类型：夏候鸟。

分布：全球广泛分布。我国胡焕庸线以东可见。历山山区河流、湿地夏季可见。

习性：性羞怯，常单独活动于植被较好的湿地生境，通常难以见到。在历山地区多在流速较缓的山间水域繁殖。北方种群迁徙至南方越冬。涉水捕食鱼虾等水生生物。

# 池鹭

学　名 *Ardeola bacchus*
英文名 Chinese Pond Heron
分　类 鹈形目 / 鹭科

体长：40 ~ 50厘米。

特征：小型鹭类。成鸟繁殖羽头、颈，深栗色；背部灰蓝色色，并具有延长的蓑状羽毛；喉部白色，颈部中央有一条白色纵纹；翼、腹部、尾羽白色。亚成鸟全身黄褐色与白色相间，颈部多白色杂乱纵纹。成鸟和亚成鸟飞行时均可见到白色的两翼，与躯干形成显著对比。

裸区：虹膜黄色；喙黄色，喙端黑色，繁殖期喙基蓝色；脚繁殖期红色，非繁殖期黄绿色。

居留类型：夏候鸟。

分布：全球见于整个东亚和东南亚。我国胡焕庸线以东常见。历山河流、湿地多见。

习性：常见于植物生长茂密的湿地生境。北方种群冬季向南迁徙越冬。涉水捕食鱼虾等水生生物，亦捕食陆生昆虫等。

# 苍鹭

| | |
|---|---|
| 学 名 | *Ardea cinerea* |
| 英文名 | Grey Heron |
| 分 类 | 鹳形目 / 鹭科 |

体长：75～110厘米。

特征：成鸟背部、翼部灰色，头颈和腹部白色；繁殖期有两条明显的辫状黑色冠羽，颈部有多条黑色不连续长纵纹；飞羽黑色。亚成鸟整体颜色灰暗。

裸区：虹膜黄色；眼先裸皮黄绿色，喙黄色；脚黄色。

居留类型：留鸟，夏候鸟。

分布：全球分布于整个亚欧大陆及非洲和大洋洲。我国几乎遍布全境。历山低海拔湿地常见。

习性：常见于各种开阔水域，春季有集群营巢繁殖的行为。北方种群集群迁徙至南方越冬，少量个体选择本地不封冻水域越冬。主要在浅水处涉水站立，捕食以鱼虾为主的水生动物。

# 大白鹭

学 名 *Ardea alba*

英文名 Great Egret

分 类 鹳形目 / 鹭科

**体长**：55～65厘米。

**特征**：周身白色的大型鹭类。繁殖期喙黑色，眼先绿色。背部有蓑状饰羽。非繁殖期喙黄色，眼先黄绿色。体形较白鹭更大，颈部更长，且具有特别的扭结。

**裸区**：虹膜黄色；喙黑色；脚黑色，趾黄绿色。

**居留类型**：夏候鸟，旅鸟。

**分布**：全球广布。我国除青藏高海拔地区外，分布于各地。历山湿地有见。

**习性**：常见于河湖的浅滩水域，北方种群集群迁徙至南方越冬，少量个体选择本地不封冻水域越冬。常在浅水区域走动，涉水捕食以鱼虾为主的水生动物。

# 白鹭

学　名　*Egretta garzetta*

英文名　Little Egret

分　类　鹈形目 / 鹭科

体长：55~65厘米。

特征：周身白色的中型鹭类。繁殖期头顶有辫状冠羽，颈前和背部有蓑状饰羽，眼先淡绿色，非繁殖期眼先转为黄色。

裸区：虹膜黄色；喙黑色；脚黑色，趾黄绿色。

居留类型：夏候鸟，旅鸟。

分布：全球分布于整个亚欧大陆及非洲、大洋洲的适宜生境。我国胡焕庸线以东常见。历山湿地有见。

习性：常见于河湖的浅滩水域，北方种群集群迁徙至南方越冬。常在浅水区域走动，涉水捕食以鱼虾为主的水生动物。

鹈形目

035

# 凤头蜂鹰

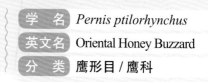

| 学　名 | *Pernis ptilorhynchus* |
| 英文名 | Oriental Honey Buzzard |
| 分　类 | 鹰形目 / 鹰科 |

**体长**：54～65厘米。

**特征**：中大型猛禽。飞行时可见较宽大的翼、较小的头部和较长的尾部。体色多变，具浅色、中间色及深色型，常拟态其他大型猛禽。上体由白色至深褐色，下体满布点斑及横纹，尾具横斑。翼指6枚。

**裸区**：雄鸟虹膜深褐色，雌鸟虹膜黄色；喙黑色，喙基铅灰色；脚黄色。

**居留类型**：旅鸟。

**分布**：繁殖于东北亚地区，迁徙时经过我国中东部大部分地区，越冬于东南亚及菲律宾。历山迁徙季常见。

**习性**：繁殖于北方林区。喜食用黄蜂或其他蜂类的蜂蛹和蜂巢。迁徙季常结大群迁飞。善于利用气流在山顶结群盘旋。

**保护等级**：国家二级。

# 乌雕

学　名　*Clanga clanga*
英文名　Greater Spotted Eagle
分　类　鹰形目 / 鹰科

体长：75～90厘米。

特征：大型猛禽。飞行时可见两翼宽大，尾较短。成鸟整体黑褐色，尾上覆羽有新月形白斑，尾下覆羽颜色也较腹部略浅，初级飞羽末端亦有模糊的浅色边界。幼鸟上体斑点明显，胸腹部遍布纵纹，亚成鸟斑点随换羽逐渐消退。翼指7枚。

裸区：虹膜深棕色；喙黑色，蜡膜黄色；爪黄色，脚被羽。

居留类型：留鸟。

分布：繁殖于亚欧大陆北部，越冬于东南亚、南亚及北非。迁徙季可见于我国大部分地区，越冬于我国东南和西南地区。历山迁徙季可见。

习性：繁殖于北方森林，多选择地势较平缓的森林草原生境。迁徙季喜栖停于靠近湿地的开阔生境。舜王坪等高海拔地区迁徙季可见。

保护等级：国家一级。

# 金雕

学　名 *Aquila chrysaetos*
英文名 Golden Eagle
分　类 鹰形目 / 鹰科

体长：75 ~ 90厘米。

特征：大型猛禽。成鸟整体暗褐色，头后和颈后有金色披羽。幼鸟整体深褐色，飞羽和尾羽基部有较大面积白色，飞行时可看到。亚成鸟白斑随换羽逐渐消退。翼指7枚。

裸区：虹膜褐色；喙黑色，蜡膜黄色；爪黄色，脚被羽。

居留类型：留鸟。

分布：全球广布于整个全北界。我国除华南地区外，各地广布。历山山区多峭壁的宽阔峡谷可见。

习性：喜欢栖息于有高大峭壁、植被覆盖度高的山区。历山地区有留鸟但并不容易见到。捕捉大中型鸟类和哺乳动物为食。

保护等级：国家一级。

# 赤腹鹰

学 名 *Accipiter soloensis*

英文名 Chinese Sparrowhawk

分 类 鹰形目 / 鹰科

体长：25～30厘米。

特征：小型猛禽。成鸟头顶、颈背和背部均为灰色；胸腹部沾浅红褐色，下体白色，两胁具隐约的横斑。亚成鸟头部和背部深棕色，脸颊灰色，喉具纵纹。黑色翼尖较同属其他鹰更为狭窄、突出，翼指4枚。

裸区：虹膜红色，幼鸟偏黄色；喙黑色，蜡膜橙黄色；脚黄色。

居留类型：旅鸟，夏候鸟。

分布：繁殖于我国东部，迁徙于东南亚和菲律宾越冬。历山林区夏季繁殖期可见。

习性：活动于中低海拔阔叶林林缘。常捕食两栖类和爬行类，兼食鸟类和啮齿类。

保护等级：国家二级。

# 日本松雀鹰

| 学 名 | *Accipiter gularis* |
| 英文名 | Japanese Sparrowhawk |
| 分 类 | 鹰形目 / 鹰科 |

📏 体长：23～30厘米。

🏹 特征：小型猛禽。成年雄鸟头顶、脸颊、颈背和背部均为灰色；胸部、两胁沾有浅棕色，下体白色。雌鸟体形稍大，上体偏褐色，喉白色，但具有喉中线，胸腹部密布红褐色横纹。亚成鸟与雌鸟类似，但胸部有红褐色纵纹。

😺 裸区：雄鸟虹膜深红色，雌鸟黄色；喙蓝灰色，蜡膜黄色（幼鸟黄绿色）；脚黄色。

🌡 居留类型：旅鸟。

📍 分布：迁徙途径华北地区，华北山地也有繁殖鸟。繁殖于亚欧大陆东北部。历山林区有见。

📷 习性：活动于山区森林及林缘，飞行迅速而灵巧，盘旋似雀鹰，但翅更短圆。

🔍 保护等级：国家二级。

# 雀鹰

学 名 *Accipiter nisus*

英文名 Eurasian Sparrowhawk

分 类 鹰形目 / 鹰科

📏 **体长**：30～40厘米。

🏹 **特征**：小型猛禽。雄性成鸟头顶、颈背和背部青灰色，眉纹白色，有橙红色脸颊，胸腹部为橙红色横纹。雌鸟较雄鸟更大，胸部黑褐色横纹。亚成鸟头背部褐色，胸腹部呈形状多变的纵纹或纵斑。翼指6枚。

🎨 **裸区**：虹膜雄成鸟橙红色，雌鸟和亚成鸟黄色；喙黑色，喙基色浅，蜡膜黄绿色或黄色；脚黄色。

🌡 **居留类型**：旅鸟，冬候鸟。

📍 **分布**：全球分布于整个古北界都，越冬于亚欧大陆南部和北非地区。我国几乎全境常见。历山林区有见。

🌀 **习性**：在我国北方山区林地繁殖，冬季在低海拔平原、林区甚至城市绿化园林生境越冬。历山地区多见越冬个体。常追击小型鸟类，亦捕食小型啮齿类，兼食大型昆虫。

🛡 **保护等级**：国家二级。

# 苍鹰

学　名　*Accipiter gentilis*

英文名　Northen Goshawk

分　类　鹰形目 / 鹰科

📏 体长：23～30厘米。

🧭 特征：体大而强健的鹰类。成鸟上体青灰色，下体白色，具褐色横斑。幼鸟上体褐色浓重，下体皮黄色，并具有偏黑色粗纵纹。

🐱 裸区：成鸟虹膜红色，幼鸟虹膜黄色；喙灰色；脚黄色。

🌡 居留类型：留鸟，冬候鸟。

📍 分布：全球范围在全北界广泛分布。我国几乎全境可见。历山迁徙季多见。

⚙ 习性：森林型鹰类，两翼宽圆，能快速地在林间穿越和翻转机动。性情凶猛，主要食物为中大型鸟类，但也捕食各种啮齿类。

🏅 保护等级：国家二级。

# 黑鸢

| | |
|---|---|
| 学　名 | *Milvus migrans* |
| 英文名 | Black Kite |
| 分　类 | 鹰形目 / 鹰科 |

体长：58～66厘米。

特征：中偏大型猛禽。整体色深。眼后耳羽部位近黑色。尾羽中凹呈浅叉状。飞行时，初级飞羽基部浅白色斑块十分醒目。亚成鸟背部、胸腹部和翼上覆羽具浅色纵纹。翼指6枚。

裸区：虹膜深色；喙黑色，蜡膜和喙基部铅灰色；脚黄色至铅灰色。

居留类型：旅鸟。

分布：全球见于欧亚大陆、北非和大洋洲。我国除西藏西部等极高海拔区域外，几乎遍布全境。历山迁徙季常见。

习性：繁殖于开阔平原、草原、丘陵和湿地。迁徙时和越冬季节可见大群盘旋和迁飞。食性杂，常在湿地周边寻找食物，甚至捡拾人类的垃圾。

保护等级：国家二级。

# 灰脸𫛭鹰

| 学 名 | *Butastur indicus* |
| 英文名 | Grey-faced Buzzard |
| 分 类 | 鹰形目 / 鹰科 |

**体长**：40~46厘米。

**特征**：中型猛禽。成鸟整体灰褐色，头胸部为棕褐色，脸颊灰色。前额和颏喉部白色，喉部具有一条明显喉线。腹部白色，具黄褐色横纹。雌鸟有一条白色眉纹。亚成鸟偏黄褐色，白色眉纹显著，胸部和腹部密布褐色纵纹。

**裸区**：虹膜黄色；喙黑色，喙基铅灰色，蜡膜黄色；脚黄色。

**居留类型**：旅鸟，夏候鸟。

**分布**：繁殖于亚欧大陆东北部，越冬于东南亚。我国中东部地区可见。历山山区高海拔的针叶林有繁殖个体，迁徙季亦有大量个体迁飞经过。

**习性**：繁殖于中高海拔林区，常觅食于林间的开阔地带，历山迁徙季常见，但不似我国沿海地区结大群迁飞。以两栖类、爬行类、小型哺乳类和鸟类为食，兼食大型昆虫。

**保护等级**：国家二级。

# 普通鵟

学 名 *Buto japonicus*
英文名 Easten Buzzard
分 类 鹰形目 / 鹰科

⚔ 体长：40~46厘米。

🧭 特征：中型猛禽。成鸟羽色多变。常见色型为上体深褐色，下体颜色较浅。头部较圆，身材紧凑，两胁和腹部通常有颜色较深的色块。飞行时可见翼较宽大，腕部有明显的深色斑块，翼指5枚。尾下斑纹不明显。

🐾 裸区：虹膜棕色；喙灰色，蜡膜黄色；脚黄色。

🌡 居留类型：旅鸟，冬候鸟。

📍 分布：分布于我国大部分地区。繁殖于亚欧大陆偏东北部，多数越冬于我国中南部及东南亚。迁徙季历山地区有较多的过境个体，冬季亦有越冬个体。

🌀 习性：繁殖于欧亚大陆高纬度林区，常觅食于林间的开阔地带，迁徙季常见。善于捕食鼠类。

🔍 保护等级：国家二级。

# 北领角鸮

学　名　*Otus semitorques*

英文名　Japanese Scops Owl

分　类　鸮形目 / 鸱鸮科

🗺 **体长**：18～21厘米。

📍 **特征**：体形较大的角鸮，整体偏灰色或深灰色。头部显大，耳羽簇明显，有显著的深色面盘。胸腹颜色比背部稍淡，具有不规则的深色羽干纹和不够明显的横纹。

🎨 **裸区**：虹膜橘色或偏红色；喙灰色；脚及趾被羽。

🌡 **居留类型**：留鸟。

📍 **分布**：多见于我国华北和东北地区可见。历山森林生境有分布。

☀ **习性**：夜行性。通常在大树树洞中繁殖。主要以大型昆虫、两爬类、鼠类等为食。

🎯 **保护等级**：国家二级。

# 红角鸮

| 学 名 | *Otus sunia* |
| 英文名 | Oriental Scops Owl |
| 分 类 | 鸮形目 / 鸱鸮科 |

📏 **体长**：18～21厘米。

🧭 **特征**：小型鸮类。有灰色型和红色型两种，但灰色型野外更常见。灰色型整体灰褐色，下腹部颜色更淡并带有明显的深色蠹状纹。头顶显黑色斑点，全身有稀疏的黑色纵纹，头上有耳羽簇。

🐼 **裸区**：虹膜黄色；喙黑灰色，蜡膜黑灰色；脚黑灰色，脚披羽，趾无毛。

🌡 **居留类型**：夏候鸟。

📍 **分布**：我国胡焕庸线以东常见。历山森林地区夏季数量较多。

🌙 **习性**：夜行，通常在大树树洞中繁殖。虽难以观察，但通过叫声判断历山有大量的分布。白天静立时和树干融为一体，不易发现。北方种群为夏候鸟，冬季迁徙至东南亚和南亚越冬。主要以昆虫等无脊椎动物为食，也会捕食小型脊椎动物。

🔰 **保护等级**：国家二级。

# 雕鸮

| 学 名 | *Bubo bubo* |
| 英文名 | Eurasian Eagle-owl |
| 分 类 | 鸮形目 / 鸱鸮科 |

体长：55~70厘米。

特征：体形最大的鸮类之一，雌性比雄性略大。通体暗褐色。胸部有浓重的黑色长斑，腹部黑色条纹变细，且横纹较胸部更加显著。耳羽簇长且明显。

裸区：虹膜橘黄色；喙黑灰色；脚黑灰色，脚和趾被羽。

居留类型：留鸟。

分布：国外广泛分布于欧亚大陆（南亚除外）。我国全境都有分布。历山山区可见。

习性：多晨昏和夜间活动，通常选择人类活动较少的崖壁筑巢繁殖。食性广泛，会捕食大型鸟类或鼠类，体形强健，甚至会捕杀夜栖的猛禽。

保护等级：国家二级。

# 纵纹腹小鸮

| 学 名 | *Athene noctua* |
| --- | --- |
| 英文名 | Little Owl |
| 分 类 | 鸮形目 / 鸱鸮科 |

🗺 **体长**：20～25厘米。

🧭 **特征**：中等体型鸮类。头圆，无耳羽簇，上体黄褐色并满部白色斑点，胸部和腹部白色并具有深褐色纵纹。眉纹和眼周白色。

🐼 **裸区**：虹膜亮黄色；喙黄色；脚黑灰色，脚和趾被羽。

🌡 **居留类型**：留鸟。

📍 **分布**：国外见于欧洲、亚洲和非洲东北部。我国北方大部分地区常见。历山农田周边及岩石较多的生境可见。

🎛 **习性**：栖息于开阔地带，多在杂乱石堆、土崖洞穴、荒废建筑的缝隙中营巢繁殖。昼夜均可活动，但多在晨昏活动。有时会停栖于相对暴露的位置。以各种小型动物为食。

🔍 **保护等级**：国家二级。

# 戴胜

| 学　名 | *Upupa epops* |
| 英文名 | Common Hoopoe |
| 分　类 | 犀鸟目 / 戴胜科 |

📏 **体长：**28 ~ 30厘米。

🔖 **特征：**周身以土黄色为主，极易辨认。头小，但头顶有明显的羽冠，冠羽末端黑色，多数时间收于头后，但亦会立起。翼及腰部有醒目的黑白色条纹。尾黑色，中间有一条白色条带。喙长且下弯。飞行时呈波浪状起伏。

🐼 **裸区：**虹膜深色；喙黑灰色；脚黑灰色。

🌡 **居留类型：**留鸟。

📍 **分布：**全球见于整个欧亚大陆和非洲大部分地区。我国常见。历山乡村周边及农田区域常见。

☀ **习性：**喜欢农田生境，营巢偏爱树洞但也会选择建筑物的空洞。主要以各种昆虫为食，长喙可以插入相对松软的土中，取食地下生活的昆虫及软体动物。

# 蓝翡翠

| 学　名 | *Halcyon pileata* |
| --- | --- |
| 英文名 | Black-capped Kingfisher |
| 分　类 | 佛法僧目 / 翠鸟科 |

🏃 体长：28~30厘米。

🧭 特征：大型翠鸟，颜色醒目。头顶黑色，有较宽的白色领环。栖停时黑色翼上覆羽形成黑色肩部，背面和尾羽呈现鲜艳的蓝色。腹部棕黄色，初级飞羽基部白色，飞行时可见。亚成鸟喙部颜色偏黄，整体羽色更暗淡。

😺 裸区：虹膜深色；喙红色；脚红色。

🌡 居留类型：夏候鸟。

📍 分布：全球分布于东南亚地区。我国胡焕庸线以东常见，华南地区及东南亚地区为留鸟。历山河流沿岸多见。

💠 习性：在山间溪流等水体附近觅食，偏爱在土质崖壁上营巢繁殖。食性杂，多捕食两爬类和大型昆虫，也会捕食小型哺乳动物和鱼类。

# 普通翠鸟

学　名　*Alcedo atthis*

英文名　Common Kingfisher

分　类　佛法僧目 / 翠鸟科

体长：15~16厘米。

特征：小型翠鸟。背面蓝绿相间，有闪耀的金属光泽。眼先、耳羽和腹部棕黄色，颊喉部和耳后白色。亚成鸟背部颜色灰暗。

裸区：虹膜深色；雄鸟喙黑色，雌鸟下喙基部暗红色；脚红色。

居留类型：留鸟。

分布：全球分布在整个亚欧大陆和非洲北部及一些附属岛屿。除青藏高原和西部干旱区域外，全国常见。历山各河流、湿地常见。

习性：广泛分布于各种湿地生境。在历山地区，冬季也可在不封冻水面越冬。多捕捉水生动物为食。

# 冠鱼狗

| 学 名 | *Megaceryle lugubris* |
| 英文名 | Crested Kingfisher |
| 分 类 | 佛法僧目 / 翠鸟科 |

体长：38 ~ 42厘米。

特征：大型翠鸟。躯干粗壮，黑白相间。头顶具冠羽，上体色深，背部和翼上密布白色横纹。具有白色领环。下体白色，胸部有宽阔的黑色胸带，胸带边缘带有棕褐色。雄鸟翼下白色，雌鸟翼下棕色。

裸区：虹膜深色；喙黑色带有白色喙尖；脚黑灰色。

居留类型：留鸟。

分布：国外见于整个东北亚、南亚和东南亚北部。我国胡焕庸线以东广泛分布。历山山区河流附近常见。

习性：多栖息于静谧的山间河流，偏爱在土质崖壁上营巢繁殖。刺入水面捕捉水生动物为食。

# 斑姬啄木鸟

| 学 名 | *Picumnus innominatus* |
| 英文名 | Speckled Piculet |
| 分 类 | 啄木鸟目 / 啄木鸟科 |

**体长**：10厘米。

**特征**：体形甚小的啄木鸟。雄鸟头顶和颈后棕色，脸部眉纹较长，且有深褐色耳羽，颊纹亦为深褐色并延伸至胸部；背部橄榄色；胸部及下体污白色，多具黑点。雌鸟头顶和背部同色。

**裸区**：虹膜深褐色；喙深灰色；脚黑灰色。

**居留类型**：留鸟。

**分布**：全球见于东南亚和南亚。国内分布于华南地区。历山林区低海拔阔叶林可见。

**习性**：喜爱低海拔林区，活跃且好动。常和长尾山雀类、山雀类等小型鸟类混群。营巢于树洞中。

# 星头啄木鸟

| | |
|---|---|
| **学　名** | *Dendrocopos canicapillus* |
| **英文名** | Grey-capped Pygmy Woodpecker |
| **分　类** | 啄木鸟目 / 啄木鸟科 |

**体长：**14～16厘米。

**特征：**小型啄木鸟，黑白分明。头顶深灰色，枕侧有红色羽簇。背部、翼和尾羽黑色具白色斑点。腹面污白有黑色细纵纹。雌鸟枕侧无红色羽簇。

**裸区：**虹膜深色；喙深灰色；脚深灰色。

**居留类型：**留鸟。

**分布：**全球见于喜马拉雅山南麓、东南亚地区。我国胡焕庸线以东常见。历山低海拔地区各种生境可见。

**习性：**偏爱低海拔的森林生境，也会出现在农田周边的斑块生境。营巢于树洞。

# 大斑啄木鸟

学　名 *Dendrocopos major*
英文名 Great Spotted Woodpecker
分　类 啄木鸟目 / 啄木鸟科

🪓 **体长**：23 ~ 25厘米。

➤ **特征**：中型啄木鸟。雄鸟头顶黑色，枕部红色。脸颊、颈部和胸腹部白色，一些个体颜色偏乌。颈侧有"Y"字形纹路。尾下覆羽鲜红，背部、翼上具白色斑点，翼上白色面积较大。雌鸟无红色枕部，亚成鸟头顶至前额红色。

🐱 **裸区**：虹膜深色；喙黑灰色；脚黑灰色。

🌡 **居留类型**：留鸟。

📍 **分布**：全球分布于整个亚欧大陆。我国胡焕庸线以东常见。历山林区常见。

📷 **习性**：历山地区各海拔林区都可见到。常持续而响亮的敲击树干，多营巢于树洞。

# 灰头绿啄木鸟

| 学 名 | *Picus canus* |
| 英文名 | Grey-Headed Woodpecker |
| 分 类 | 啄木鸟目 / 啄木鸟科 |

**体长**：28～32厘米。

**特征**：大型啄木鸟。整体暗灰绿色，头部灰色，枕部沾黑色，背部橄榄绿色，腹面灰色。飞羽和尾羽有黑色横纹，末端黑色。雄鸟前额红色。

**裸区**：虹膜褐色；喙灰色；脚灰色。

**居留类型**：留鸟。

**分布**：全球范围广泛分布于整个亚欧大陆。我国胡焕庸线以东常见。历山林区常见。

**习性**：偏爱低海拔的森林生境，也会出现在农田周边的斑块生境。营巢于树洞。常到地面啄食蚂蚁。

啄木鸟目

057

# 红隼

| 学 名 | *Falco tinnunculus* |
| --- | --- |
| 英文名 | Common Kestrel |
| 分 类 | 隼形目 / 隼科 |

**体长**：30~38厘米。

**特征**：小型猛禽。成年雄鸟头部灰色，眼下方有黑色髭纹；背部砖红色，具有黑色斑点；飞羽黑色，胸腹部浅黄色，有黑色纵纹；尾羽灰色，尾部有黑色次端斑。雌鸟上体为砖红色，下体浅黄色，遍布深色纹路。亚成鸟似雌鸟。

**裸区**：虹膜深褐色，有黄色眼圈；喙黑灰色，喙基色浅；脚黄色。

**居留类型**：留鸟。

**分布**：全球见于亚欧大陆和北非。除青藏高原部分地区外，全国广布。历山低海拔地区的开阔生境常见。

**习性**：具有较强的适应性，从林区到低海拔的农田区域，栖息于各类适宜生境。常悬停捕食，食性广，捕食鸟类、小型啮齿类、昆虫、两栖类、爬行类。常使用喜鹊弃巢进行繁殖，亦使用崖壁上的洞穴。

**保护等级**：国家二级。

# 红脚隼

学　名　*Falco amurensis*
英文名　Amur Falcon
分　类　隼形目 / 隼科

体长：25～30厘米。

特征：小型猛禽。成年雄鸟，全身灰色，翼下覆羽白色，尾下覆羽红色。雌鸟眼下方有黑色髭纹，后背蓝灰色，有黑色暗纹，胸部和腹部白色，遍布纵纹，尾下覆羽淡红色。亚成鸟似雌鸟，胸部和腹部纵纹更加粗重，尾下覆羽淡黄色。

裸区：虹膜深棕色，眼圈橙色；喙黑灰色，蜡膜橙色；脚橙色。

居留类型：夏候鸟。

分布：繁殖于东北亚地区，集群迁徙至非洲南部越冬。历山地区夏季可见繁殖于低海拔的农田、湿地周边的斑块林地。迁徙季亦可见到迁徙的大群。

习性：喜较为开阔的生境，多捕食大型昆虫。可以一边飞行一边进食。

保护等级：国家二级。

# 燕隼

学　名　*Falco subbuteo*

英文名　Eurasian Hobby

分　类　隼形目 / 隼科

✂ **体长**：29～35厘米。

➤ **特征**：小型猛禽，成鸟头背、翼和尾羽黑色，眼下方和后方有两条黑色髭纹，腹面白色，胸部和腹部密布黑色纵纹，尾下覆羽红色，两翼狭长、无翼指分叉。亚成鸟背面黑褐色，有浅色羽缘，尾下覆羽淡黄色。

🐾 **裸区**：虹膜深褐色，眼圈黄色；喙黑灰色，基部色浅，蜡膜黄色，亚成鸟蜡膜蓝绿色；脚黄色。

🌡 **居留类型**：夏候鸟。

📍 **分布**：全球繁殖于亚欧大陆北部，越冬于北非至东南亚地区。除青藏高原部分地区外，我国广布。历山低海拔地区夏季可见。

🌐 **习性**：飞行迅捷，擅长飞行时追击家燕等小型鸟类，也会捕食蜻蜓等飞虫。喜欢开阔生境，会使用喜鹊弃巢进行繁殖，常随家燕活动于城乡周围。

⊗ **保护等级**：国家二级。

# 游隼

| | |
|---|---|
| 学　名 | *Falco peregrinus* |
| 英文名 | Peregrine Falcon |
| 分　类 | 隼形目 / 隼科 |

**体长**：40 ~ 50厘米。

**特征**：中型猛禽，身体结实强健。成鸟上体及尾羽黑灰色；两翼狭长、无翼指分叉，腹面白色，胸腹部有黑色斑纹。颊部白色，眼下方有一条粗重的黑灰色髭纹。亚成鸟背面深褐色，胸部和腹部纵纹粗重。

**裸区**：虹膜深色，眼周裸皮黄色；喙黑灰色，基部色浅，蜡膜黄色；脚黄色。有些亚种的亚成鸟蜡膜和脚蓝绿色。

**居留类型**：旅鸟，夏候鸟。

**分布**：除南极洲外，国外各大洲均有分布。我国全境几乎都有分布。迁徙时经过历山，也有繁殖个体。

**习性**：世界上飞行速度最快的鸟类之一，善于在高空向下俯冲捕捉猎物。多于崖壁处繁殖。偏爱捕食鸠鸽等中大型鸟类，也捕捉鼠类、两栖类和爬行类作为食物。

**保护等级**：国家二级。

# 黑枕黄鹂

| 学　名 | *Oriolus chinensis* |
| 英文名 | Black-naped Oriole |
| 分　类 | 雀形目 / 黄鹂科 |

体长：25～28厘米。

特征：醒目的金黄色鸟类。雄鸟通体金黄色，黑色的粗贯眼纹延伸至枕部；飞羽和尾羽黑色。雌鸟背部沾绿色。亚成鸟胸部腹部颜色较淡，遍布黑色纵纹。

裸区：虹膜红色；喙粉红色；脚黑色。

居留类型：夏候鸟。

分布：越冬于东南亚和南亚。我国胡焕庸线以东常见。历山低海拔地区夏季可见。

习性：多见于低海拔林区，也会出现在农田周边。在高大乔木上营碗状巢繁殖。主要以各种昆虫等无脊椎动物为食，也食用种子和果实等植物性食物。

# 长尾山椒鸟

学　名　*Pericrocotus ethologus*
英文名　Long-tailed Minivet
分　类　雀形目 / 山椒鸟科

体长：18～20厘米。

特征：色彩鲜明的林栖鸟类。雄鸟头至背部黑色，翼上覆羽黑色，具有醒目红色条带，展开可见红色斑块；胸腹部红色及腰部红色；两根中央尾羽黑色，其余尾羽红色。雌鸟头颈和上背部深色区域较淡，其余部位以黄色替代雄鸟的红色。

裸区：虹膜深色；喙黑色；脚黑色。

居留类型：夏候鸟。

分布：繁殖于喜马拉雅山脉南侧至我国西南、华中、华北地区森林覆盖较好的山区。越冬于南亚和东南亚。历山林区夏季可见。

习性：栖息于林相较好的山地混交林或针叶林中。非繁殖期会结群活动。多以昆虫为食。

# 黑卷尾

学　名　*Dicrurus macrocercus*

英文名　Black Drongo

分　类　雀形目 / 卷尾科

体长：27 ~ 30厘米。

特征：通体黑色，全身具有多变的金属光泽。尾羽较长、分叉，最外侧尾羽末端上卷。亚成鸟羽色相对暗淡，无金属反光。

裸区：虹膜红褐色；喙黑色；脚黑色。

居留类型：夏候鸟。

分布：全球分布于东南亚和南亚。我国胡焕庸线以东常见。历山农田生境夏季常见。

习性：栖息于低海拔开阔生境，尤其喜欢农田、果园，常站立于电线上等显眼位置。主要以昆虫为食。

# 发冠卷尾

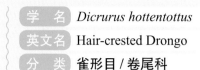

学　名　*Dicrurus hottentottus*

英文名　Hair-crested Drongo

分　类　雀形目 / 卷尾科

体长：27~32厘米。

特征：似黑卷尾，但视觉上更加粗壮。全身黑色，胸、背、尾羽、翼上覆羽具有蓝黑色金属光泽。繁殖期头顶具有蓬松的丝状羽冠。尾羽较宽，最外侧尾羽由外侧向内翻卷。幼鸟金属光泽不够强烈。

居留类型：夏候鸟。

分布：全球见于南亚和东南亚。国内中东部及西南地区常见。历山阔叶林生境常见。

习性：相对于黑卷尾更喜欢森林生境。主要以昆虫为食。

# 寿带

学 名 *Terpsiphone incei*

英文名 Amur Paradise Flycatcher

分 类 雀形目 / 王鹟科

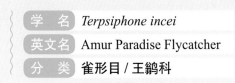

**体长**：雄鸟47~48厘米，雌鸟18~20厘米。

**特征**：具有醒目的独特长尾的鸟类。雄鸟有白色和棕色两个色型；头颈部蓝黑色，有明显的羽冠，胸腹部灰白色；中央尾羽极长，容易识别。雌鸟似棕色型，无长尾羽。

**裸区**：虹膜黑色；喙蓝色；脚黑色。

**居留类型**：夏候鸟。

**分布**：越冬于东南亚地区。我国胡焕庸线以东分布。历山夏季可见。

**习性**：喜爱森林发育程度高、郁闭度较高的阔叶林，且喜欢亲水的生境。在树枝间营巢繁殖。繁殖期捕食昆虫为主。

历山国家级自然保护区常见鸟类识别手册

# 牛头伯劳

学　名　*Lanius bucephalus*
英文名　Bull-headed Shrike
分　类　雀形目 / 伯劳科

体长：16~19厘米。

特征：头顶红棕色，眉纹白色，有黑色的宽阔眼罩，背部灰色，翼和尾羽黑色。亚成鸟眼罩不明显，背部红棕色，头背部、腹部多鳞状暗纹。

裸区：虹膜深色；喙有钩，黑色；脚黑灰色。

居留类型：夏候鸟。

分布：国外见于东北亚地区。在我国东北至华北繁殖，南方越冬。历山较高海拔林区有繁殖。

习性：栖息于林缘灌丛或山区次生林中。主要以昆虫等无脊椎动物为食，兼食鸟类和鼠类。

# 红尾伯劳

学　名　*Lanius cristatus*
英文名　Brown Shrike
分　类　雀形目 / 伯劳科

体长：17～20厘米。

特征：体态偏修长的中型伯劳。偏灰色和偏棕色亚种均可见到。有显著的白色眉纹，黑色眼罩，脸颊和腹部白色，两胁沾黄色，背部和尾羽红棕色。亚成鸟较模糊，腹部多鳞状暗纹。

裸区：虹膜深色；喙黑灰色，带钩；脚黑灰色。

居留类型：夏候鸟。

分布：越冬于华南和西南地区南部以及东南亚地区。我国胡焕庸线以东常见。历山繁殖期常见。

习性：多栖息于林缘灌丛或农田周围的开阔生境中。主要以昆虫为食，也会捕食两栖类、爬行类和小型哺乳动物。

# 松鸦

学　名　*Garrulus glandarius*
英文名　Eurasian Jay
分　类　雀形目 / 鸦科

体长：32~37厘米。

特征：通体黄褐色，头顶有黑色纵纹。有显著的黑色颊纹。飞羽和尾羽黑色，飞羽基部有闪亮的蓝色区域，并有蓝色和白色横斑。腰部和尾下白色。历山分布的亚种头顶有黑色细纵纹。

裸区：虹膜褐色；喙黑色；脚偏灰色。

居留类型：留鸟。

分布：全球广布于亚欧大陆。除青藏高原及西北干旱区域外，广泛分布于我国。历山林区可见。

习性：栖息于各个海拔的山地森林，冬季结群游荡于低海拔地区。性格喧闹，食性杂。

# 灰喜鹊

| 学　名 | *Cyanopica cyanus* |
|---|---|
| 英文名 | Azure-winged Magpie |
| 分　类 | 雀形目 / 鸦科 |

**体长**：33～37厘米。

**特征**：体形显修长的鹊类。头顶黑色，背部灰色，胸腹部污白色。翼和尾羽淡蓝色，尾长，中央尾羽末端白色。

**裸区**：虹膜黑色；喙黑色；脚黑色。

**居留类型**：留鸟。

**分布**：全球分布于东北亚地区。我国中东部地区常见，华南部分地区有人为的引种。历山偶见。

**习性**：栖息于林区，也见于农田间斑块林地及灌丛。通常集大群活动，性嘈杂，有时甚不惧人。食性杂。

# 红嘴蓝鹊

| | |
|---|---|
| 学 名 | *Urocissa erythroryncha* |
| 英文名 | Red-billed Blue Magpie |
| 分 类 | 雀形目 / 鸦科 |

**体长：** 60～65厘米。

**特征：** 体形大且尾长的鹊类。前额、两颊和胸部黑色，头顶至枕部常为斑驳的白色，背部灰色。翼和尾羽为鲜艳的蓝色，腹部白色。飞羽末端白斑，中央尾羽较长，两侧尾羽逐渐变短。有醒目的鲜红色鸟喙。

**裸区：** 虹膜红色；喙红色；脚红色。

**居留类型：** 留鸟。

**分布：** 全球分布于印度北部和东南亚。我国中东部及华南、西南地区常见。历山林区多见。

**习性：** 栖息于林区，也见于农田间斑块林地及灌丛。集群活动，有时觅食于村庄周围，叫声较鸦科其他鸟类更富有变化。食性杂，会主动攻击蛇等其他爬行动物。

# 喜鹊

| 学　名 | *Pica pica* |
| 英文名 | Common Magpie |
| 分　类 | 雀形目 / 鸦科 |

**体长**：40 ~ 45厘米。

**特征**：最熟悉的鸦科鸟类。羽色黑白分明，头、胸、腹、背部及尾羽黑色，但具有蓝泽色及绿色金属光泽。肩羽及腹部白色，飞行时可以见到白色飞羽。中央尾羽长，两侧依次变短。

**裸区**：虹膜黑色；喙黑色；脚黑色。

**居留类型**：留鸟。

**分布**：全球广泛分布于欧亚大陆。我国中东部地区常见。历山山区及城乡常见。

**习性**：几乎各种生境可见，常活动于人类聚落周围。筑巢于高大树木及人工建筑物之上，十分醒目。食性杂。

历山国家级自然保护区常见鸟类识别手册

072

# 星鸦

学 名 *Nucifraga caryocatactes*
英文名 Spotted Nutcracker
分 类 雀形目 / 鸦科

**体长**：30 ~ 35厘米。

**特征**：通体黑褐色，头、胸、腹和两肩密布灰白色纵纹，尾下覆羽灰白色，飞羽和尾羽色深。两侧飞羽末端白色，飞行时较明显。

**裸区**：虹膜黑色；喙黑色，脚黑色。

**居留类型**：留鸟。

**分布**：全球分布于欧亚大陆偏北部的针叶林生境。我国东北、华北、西南的山区常见。历山油松、华山松林可见。

**习性**：栖息于山地针叶林区，冬季会集小群分布。食性杂，常活动于针叶林区域，会储藏松子作为过冬食物。

雀形目

073

# 红嘴山鸦

| | |
|---|---|
| 学　名 | *Pyrrhocorax pyrrhocorax* |
| 英文名 | Red-billed Chough |
| 分　类 | 雀形目 / 鸦科 |

**体长**：40～45厘米。

**特征**：通体黑色，两翼有偏紫色的金属光泽。喙红色，较长，前端下弯。两翼较其他鸦科鸟类更为宽阔，展开时可见明显的翼指。

**裸区**：虹膜黑色；喙红色；脚红色。

**居留类型**：留鸟。

**分布**：全球范围广布于整个古北界和北非。我国华北、西北以及西南山区可见。历山地区多岩石裸露区域可见。

**习性**：栖息于多岩的山区。喜活动于较空旷的草地生境。食性杂。

# 小嘴乌鸦

学　名　*Corvus corone*
英文名　Carrion Crow
分　类　雀形目 / 鸦科

体长：45~47厘米。

特征：体形较大，通体黑色，略带蓝色的金属光泽。头顶平，无突出的额弓。喙粗壮，但不如大嘴乌鸦。

裸区：虹膜黑色；喙黑色；脚黑色。

居留类型：留鸟。

分布：全球见于东北亚地区。我国北方各地常见。历山地区可见。

习性：相对大嘴乌鸦更偏爱城乡的开阔生境。冬季更容易结成大群。食性杂。

雀形目

# 大嘴乌鸦

| 学 名 | *Corvus macrorhynchos* |
| 英文名 | Large-billed Crow |
| 分 类 | 雀形目 / 鸦科 |

体长：48～52厘米。

特征：通体黑色，具金属光泽。喙更加粗大。额弓高耸是和小嘴乌鸦的重要区别。

裸区：虹膜黑色；喙黑色；脚黑色。

居留类型：留鸟。

分布：全球见于亚欧大陆东部。除青藏高海拔地区及西北干旱生境外，我国广布。历山地区各种生境均常见。

习性：在山区及农田等开阔生境均常见。常集大群，飞行时鸣叫，嗓音独特，飞行姿态容易被认作猛禽。食性杂。

# 煤山雀

学 名 *Periparus ater*
英文名 Coal Tit
分 类 雀形目 / 山雀科

体长：10～12厘米。

特征：小而活跃的山雀，体形紧凑。头大而短，头部黑色且具有明显的冠羽。两颊及枕部有明显的白色斑块；背部、翼和尾羽深灰色，翼上有两道翼斑，腹部通常污白色。

裸区：虹膜黑色；喙黑色；脚深灰色。

居留类型：留鸟。

分布：广布于欧亚大陆，我国各地山区可见，多栖息于针叶林生境。历山地区常见。

习性：性活泼，不惧人。冬季常与其他鸟类结群游荡，构成鸟类集群的主要鸟种。叫声尖细，节奏多变。繁殖期多捕食昆虫，非繁殖期也食用种子和果实。

# 黄腹山雀

学　名 *Pardaliparus venustulus*
英文名 Yellow-bellied Tit
分　类 雀形目 / 山雀科

🗡 **体长**：10～12厘米。

🧭 **特征**：体形短圆似煤山雀，但颜色对比鲜艳。雄鸟头顶和喉部黑色，两颊和枕部白色；翼上有两道由白色斑点组成的翼斑；腹部明黄色。雌鸟头部黄绿色，其他似雄鸟。

💀 **裸区**：虹膜黑色；喙黑色；脚黑灰色。

🌡 **居留类型**：留鸟。

📍 **分布**：我国中东部地区常见。原被认为是中国鸟类特有种，现已扩散至俄罗斯和朝鲜半岛。历山地区阔叶林和混交林可见。

⚙ **习性**：中国鸟类特有种，偏爱混交林和阔叶林。冬季北方繁殖的种群部分会迁徙至南方越冬。胆大活泼，不甚惧人。繁殖期多捕食昆虫，非繁殖期也食用种子和果实。

# 沼泽山雀

学　名　*Poecile Montanus*
英文名　Willow Tit
分　类　雀形目 / 山雀科

体长：11 ~ 13厘米。

特征：尾羽较长而显得纤细的山雀。头顶和颏部黑色，两颊白色。背部灰褐色，胸腹及下体灰白色，两胁沾灰色或皮黄色。

裸区：虹膜黑色；喙黑色；脚黑灰色。

居留类型：留鸟。

分布：全球广布于欧亚大陆，但在东亚地区呈间断分布。我国见于从东北到西南的狭长带状区域。历山林区常见。

习性：栖息于历山各种森林生境。冬季加入鸟类集群结群游荡。繁殖期多捕食昆虫，非繁殖期也食用种子和果实。

雀形目

079

# 大山雀
## （远东山雀）

| 学 名 | *Parus cinereus* |
|---|---|
| 英文名 | Cinereous Tit |
| 分 类 | 雀形目 / 山雀科 |

⬚ **体长**：13～15厘米。

◈ **特征**：大型山雀。头部黑色，两颊和枕部具醒目的白斑，腹部灰白色，中央有一条黑色粗带，雌鸟腹部中央黑带略窄。背部黄绿色，飞羽和尾羽黑色最外侧尾羽白色。翼上有一条翼斑。

◈ **裸区**：虹膜黑色；喙黑色；脚黑灰色。

◈ **居留类型**：留鸟。

◈ **分布**：全球见于东北亚地区。我国中东部地区常见。历山山地各种生境均可见。

◈ **习性**：栖息于各种绿地生境。繁殖期多捕食昆虫，非繁殖期也食用种子和果实。

# 云雀

| 学　名 | *Alauda arvensis* |
| 英文名 | Eurasian Skylark |
| 分　类 | 雀形目 / 百灵科 |

**体长：** 17～18厘米。

**特征：** 中等体形的黄褐色百灵。头顶具有黑色纵纹，头顶羽毛竖起可形成羽冠。眉纹宽阔，具有褐色耳羽斑。胸部具有黑色纵纹形成的胸带，腹部白色。飞行时可见外侧尾羽白色和后翼缘。

**裸区：** 虹膜黑色；上喙深灰色，下喙基部黄色；脚肉褐色。

**居留类型：** 夏候鸟。

**分布：** 广泛分布于古北界北部，我国北方各地可见，冬季向南迁徙越冬。舜王坪等亚高山草甸繁殖期可见。

**习性：** 栖息于各种开阔的低矮草地，冬季常集群活动。常做垂直升起并悬停地炫耀飞行。繁殖期多捕食昆虫，非繁殖期也食用种子。

**保护等级：** 国家二级。

# 棕扇尾莺

学　名　*Cisticola juncidis*
英文名　Zitting Cisticola
分　类　雀形目 / 扇尾莺科

体长：9～10厘米。

特征：小型莺类。上体黄褐色，头顶有黑色细纹并延伸至背部逐渐变粗，腰部红褐色。腹部白色。翼上覆羽黑色，有浅褐色羽缘。凸尾型，飞行时尾羽打开呈扇形。

裸区：虹膜黑色；喙前端黑褐色，后端肉褐色；脚粉色。

居留类型：夏候鸟。

分布：全球广泛分布于欧亚大陆及非洲的中低纬度地区和大洋洲。我国除东北、西北和青藏高原外，均有分布。历山低海拔地区，湿地周边及农田附近高草地有分布。

习性：在山间平原等开阔生境的草丛中营巢繁殖，常边飞边叫。繁殖期以各种小型昆虫为食，非繁殖期兼食一些植物种子。

# 东方大苇莺

| 学　名 | *Acrocephalus orientalis* |
| 英文名 | Oriental Reed Warbler |
| 分　类 | 雀形目 / 苇莺科 |

体长：18～20厘米。

特征：黄褐色的大型苇莺。上体黄褐色，有白色眉纹，颏喉部白色，胸部有隐约的黑色细纵纹，腹部皮黄色。

裸区：虹膜深色；上喙黑褐色，下喙粉褐色；脚肉褐色。

居留类型：夏候鸟，旅鸟。

分布：越冬于东南亚地区。我国中东部及东北地区常见。历山低海拔地区村镇、农田附近有芦苇的湿地夏季常见。

习性：繁殖期在芦苇丛里发出聒噪的鸣唱声。在芦苇丛中营巢，多以各种近水昆虫为食。

# 北短翅蝗莺
## （北短翅莺）

学　名　*Locustella davidi*

英文名　Baikal Bush Warbler

分　类　雀形目 / 蝗莺科

**体长**：12～14厘米。

**特征**：上体褐色，眉纹浅皮黄色，颏喉部有黑色纵纹。腹部污白色，尾下覆羽色深，具有白色横斑。翼短圆。

**裸区**：虹膜深色；上喙黑褐色，下喙肉色；脚肉粉色。

**居留类型**：夏候鸟。

**分布**：全球繁殖于东北亚，越冬于我国云南南部及东南亚、藏南地区及东南亚。我国东北针叶林区和华北地区的高山可见。夏季在舜王坪等高海拔山地灌丛繁殖。

**习性**：生性隐蔽，常活动于林线附近的稠密的灌丛。以各种昆虫和小型无脊椎动物为食。

# 家燕

| | |
|---|---|
| 学 名 | *Hirundo rustica* |
| 英文名 | Barn Swallow |
| 分 类 | 雀形目 / 燕科 |

⬡ **体长**：15～20厘米（20厘米含外侧尾羽针状突出）。

◈ **特征**：最为常见的燕科鸟类。上体黑色且具有蓝色金属光泽，前额和喉部深砖红色，胸部有一条黑色胸带。翼下和腹部白色。尾深叉状，外侧尾羽超长，有针状突出。幼鸟羽色更加暗淡，下体污白色，无针状尾羽，尾叉较浅。

◐ **裸区**：虹膜黑色；喙黑色；脚黑色。

◈ **居留类型**：夏候鸟，旅鸟。

◉ **分布**：几乎遍布全球（除南极洲）。我国常见。历山地区村镇及周边常见。

◉ **习性**：和人类关系最密切的鸟类，春季衔泥筑碗状巢于人类屋檐下。在我国北方为繁殖鸟，迁徙至东南亚地区越冬。主要在飞行中捕捉各种昆虫为食。

# 岩燕

| 学 名 | *Ptyonoprogne rupestris* |
| 英文名 | Eurasian Crag Martin |
| 分 类 | 雀形目 / 燕科 |

体长：14～16厘米。

特征：周身暗褐色的燕子，飞羽和尾羽颜色较深。胸腹部颜色较浅，尾短，尾羽中段有白色斑点组成横带。与其他燕类相比飞行时可见翼稍宽。

裸区：虹膜深色；喙黑色；脚黑褐色。

居留类型：夏候鸟。

分布：全球分布于欧亚大陆南部及北非。我国中西部适宜生境常见。历山地区发育有峭壁、悬崖的生境可见。

习性：在近水的崖壁岩缝中营巢繁殖。北方地区为繁殖鸟，冬季迁徙至华南、西南等山区越冬。主要在飞行中捕捉各种昆虫为食。

# 烟腹毛脚燕

学　名　*Delichon dasypus*
英文名　Asian House Martin
分　类　雀形目 / 燕科

体长：12～13厘米。

特征：体形显小的燕类，上体蓝黑色并具有金属光泽，腰部白色。腹面污白色，翼下覆羽黑色。尾浅叉状。

裸区：虹膜黑色；喙黑色；脚肉粉色，脚和趾披羽白色。

居留类型：夏候鸟，旅鸟。

分布：夏候鸟主要繁殖于华北、华中及青藏高原东部的多山地区，东南沿海区域有留鸟分布。冬季迁徙至东南亚越冬。历山地区夏季常见。

习性：繁殖于山区悬崖较多处，常集群筑巢。常在峡谷中集群翻飞觅食，飞行迅速，主要在飞行中捕捉各种昆虫为食。

# 金腰燕

| 学　名 | *Cecropis daurica* |
| 英文名 | Red-rumped Swallow |
| 分　类 | 雀形目 / 燕科 |

体长：16～20厘米（20厘米含外侧尾羽延长）。

特征：比家燕略大的燕类。头顶、背部和尾羽蓝黑色，具有金属光泽。脸颊、喉部和胸腹部污白色，密布黑色细纵纹。腰部砖红色，外侧尾羽狭长，呈深叉状。

裸区：虹膜黑色；喙黑色；脚黑色。

居留类型：夏候鸟，旅鸟。

分布：全球分布于整个亚欧南部，部分越冬于非洲和大洋洲。除西北干旱区及青藏高原高海拔处，全国常见。历山地区村镇及周边常见。

习性：和家燕同样多选择房屋屋檐筑巢。巢形精致似倒放的直颈瓶，和家燕的碗状巢区别明显。主要在飞行中捕捉各种昆虫为食。

# 领雀嘴鹎

学　名　*Spizixos semitorques*
英文名　Collard Finchbiu
分　类　雀形目 / 鹎科

体长：18～20厘米。

特征：具有钝圆的喙部的鹎类。头顶深灰色，脸颊偏黑色，耳羽有白色纵纹，并延伸至颈部，具有白色半领环。身体其他部分均为黄绿色，尾羽具有黑色的端斑。

裸区：虹膜红褐色；喙偏黄色；脚灰色。

居留类型：留鸟。

分布：国外分布于中南半岛北部。我国主要分布于华中、华南及东南沿海，近年来是南方鸟种向北扩张的代表之一。历山地区海拔较低的阔叶林可见。

习性：常集小群，活动于低海拔的林缘地区。繁殖期以昆虫为食，亦喜欢采食果实。

# 白头鹎

| 学　名 | *Pycnonotus sinensis* |
| 英文名 | Light-vented Bulbul |
| 分　类 | 雀形目 / 鹎科 |

**体长**：18～20厘米。

**特征**：灰绿色鹎类。头部黑色，眼部至枕部有逐渐变宽的白色"头巾"，耳羽处也有浅色斑块。喉部白色，胸部有一条较宽的灰褐色胸带，腹部有较浅的灰褐色。背部偏灰色，两翼和尾羽黄绿色。

**裸区**：虹膜深色；喙黑色；脚黑色。

**居留类型**：留鸟。

**分布**：国外分布于中南半岛北部。我国广泛分布于东南部及华中地区，是南方鸟种向北扩张的典型代表。历山地区分布于农田周边、低海拔林缘等生境。

**习性**：偏爱平原的绿地生境，常集群，生性嘈杂。常站立于树顶、电线等醒目位置。繁殖期多以昆虫为食，亦喜爱食用果实。

# 棕腹柳莺

| 学　名 | *Phylloscopus subaffinis* |
| 英文名 | Buff-throated Warbler |
| 分　类 | 雀形目 / 柳莺科 |

体长：11 ~ 13厘米。

特征：褐色系柳莺。上体灰褐色，眉纹黄色，贯眼纹和头顶及背部颜色一致。飞羽较背部颜色更暗，但具有橄榄色羽缘。喉部颜色略淡，胸部和腹部棕黄色，光线充足时黄色腹部会十分显著。

裸区：虹膜深褐色；上喙褐色，下喙基部黄色；脚深褐色。

居留类型：夏候鸟。

分布：繁殖于我国华中及华南地区，越冬于华南南部及东南亚和南亚北部。历山山区见于舜王坪的灌丛。

习性：繁殖于高海拔的开阔地的灌丛。主要以昆虫为食。

# 棕眉柳莺

学　名　*Phylloscopus armandii*

英文名　Yellow-streaked Warbler

分　类　雀形目 / 柳莺科

体长：11～13厘米。

特征：褐色系柳莺。上体黄褐色。眉纹皮黄色且宽度一致，通常较其他褐色系柳莺更宽。贯眼纹深色。喉部显白色，腹部淡黄色，肛周黄褐色明显。同过境旅鸟巨嘴柳莺（*Phylloscopus schwarzi*）外形相似，辨识具有一定难度。

裸区：虹膜深褐色；上喙褐色，下喙基部黄色；脚肉褐色。

居留类型：夏候鸟。

分布：越冬于东南亚。在我国华北和西南山区为繁殖鸟。历山山区易见于开阔地的灌丛。

习性：繁殖于林缘或开阔地的灌丛，偏爱沙棘灌丛。主要以昆虫为食。

# 云南柳莺

| 学 名 | *Phylloscopus yunnanensis* |
| --- | --- |
| 英文名 | Chinese Leaf Warbler |
| 分 类 | 雀形目 / 柳莺科 |

🏃 **体长**：9～10厘米。

🏹 **特征**：黄腰系柳莺。体形小，整体为较暗淡黄绿色。上体橄榄绿色，头顶偏灰色，具有显著的顶冠纹，但前额处通常较为模糊。眉纹污白色，翼斑两条。三级飞羽具有白色羽缘，通常不甚清晰，腰部浅黄色，下体灰白色。

🐾 **裸区**：虹膜褐色；上喙黑色，下喙喙尖黑色，喙基黄褐色；脚黄褐色。

🌡️ **居留类型**：夏候鸟。

📍 **分布**：繁殖于华北及华中的山区，越冬于云南地区及东南亚。夏季历山地区中高海拔针阔混交林及针叶林可见。

⚙️ **习性**：繁殖于历山高海拔地区，常在树顶等显著位置上长时间鸣唱。主要以昆虫为食。

# 黄腰柳莺

学　名 *Phylloscopus proregulus*
英文名 Pallas's Leaf Warbler
分　类 雀形目 / 柳莺科

🎿 体长：9～10厘米。

🧭 特征：黄腰系柳莺。体形小，整体黄绿色。羽色鲜亮，头顶暗绿色，具有清晰的黄色顶冠纹，眉纹清晰，前端黄色，眼后逐渐变白。翼斑两条。三级飞羽具有白色羽缘，腰部黄色，下体白色。

😺 裸区：虹膜深色；喙黑褐色，下喙喙基黄褐色；脚肉褐色。

🌡️ 居留类型：旅鸟。

📍 分布：繁殖于亚欧大陆北部，包括我国东北及华北北部，越冬于我国华南地区及东南亚。迁徙季可见于历山中低海拔的各类绿地生境。

⚙️ 习性：迁徙季常结松散的小群通过海拔较低的各类绿地生境。常在树枝间做出悬停动作。主要以昆虫为食。

# 黄眉柳莺

| 学 名 | *Phylloscopus inornatus* |
| 英文名 | Yellow-browed Warbler |
| 分 类 | 雀形目 / 柳莺科 |

**体长**：9～11厘米。

**特征**：黄眉系柳莺。体形小，整体黄绿色。上体橄榄绿色，通常无顶冠纹，眉纹白色。有两条清晰的翼斑，三级飞羽具有明显的白色羽缘。下体灰白色。

**裸区**：虹膜褐色；喙黑褐色，下喙基部黄褐色面积较大；脚黄褐色。

**居留类型**：旅鸟。

**分布**：繁殖于东北亚地区，越冬于华南及东南亚。迁徙时我国大部分地区可见。迁徙季历山常见。

**习性**：迁徙季常结松散的小群通过海拔较低的各类绿地生境。主要以昆虫为食。

雀形目

095

# 淡眉柳莺

学　名　*Phylloscopus humei*
英文名　Hume's Leaf Warbler
分　类　雀形目 / 柳莺科

体长：9～11厘米。

特征：黄眉系柳莺，整体灰绿色。头顶偏灰，繁殖期有的个体具有不明显的顶冠纹。眉纹白色，较细长。背部灰绿色，翼上有两条翼斑，较短的翼斑常不清晰。腹部灰白色，两胁沾黄色。

裸区：虹膜褐色；喙几乎全部黑褐色，下喙喙基有少量黄褐色；脚深褐色或黑色。

居留类型：夏候鸟。

分布：越冬于东南亚及南亚。我国华北和西北等山区常见。历山舜王坪等高海拔针叶林有繁殖。

习性：繁殖于中高海拔的山地林区。野外干扰因素较多，通过外形及体色难以与相似种黄眉柳莺区分，但黄眉柳莺在历山地区为过境鸟。以各种小型昆虫以及无脊椎动物为食。

历山国家级自然保护区常见鸟类识别手册

# 冠纹柳莺

| 学 名 | *Phylloscopus claudiae* |
| 英文名 | Claudia's Leaf Warbler |
| 分 类 | 雀形目 / 柳莺科 |

**体长:** 10～12厘米。

**特征:** 冠纹系柳莺。羽色鲜亮，呈黄绿色。具有较宽的顶冠纹，有时前端会不甚清晰。冠纹两侧黑绿色，淡黄色眉纹较长，会延伸至颈部。上体绿色，翼上有两条浅黄色的翼斑。下体白色，肛周颜色略黄（不甚明显）。

**裸区:** 虹膜褐色；上喙黑褐色，下喙黄色；脚褐色。

**居留类型:** 夏候鸟。

**分布:** 越冬于东南亚地区。我国中东部地区广泛分布。历山中低海拔林区常见。

**习性:** 喜欢活动于森林的冠层，站立时会慢速地交替鼓动双翼。叫声响亮，似山雀。主要以昆虫为食。

# 淡尾鹟莺

| 学　名 | *Seicercus soror* |
| 英文名 | Piain-tailed Warbler |
| 分　类 | 雀形目 / 柳莺科 |

**体长**：10～12厘米。

**特征**：头部较大，头顶灰色，外侧有明显的褐色侧冠纹。脸部灰绿色，有醒目的明黄色眼圈。上体绿色，两翼颜色略深，腹部明黄色。尾短，外侧尾羽有白斑。淡尾鹟莺是从金眶鹟莺的亚种提升为独立种，通过外形较难与几个相似种区分。

**裸区**：虹膜黑色；上喙黑褐色，下喙橙色；脚偏粉色。

**居留类型**：夏候鸟。

**分布**：主要分布于我国中部和东南部，越冬于东南亚。历山低海拔林区可见。

**习性**：栖息于海拔较低的阔叶林区，常在林下植被、灌丛中活动。性活泼，常在隐蔽树枝间快速移动。主要以昆虫为食。

# 棕脸鹟莺

| 学　名 | *Abroscopus albogularis* |
|---|---|
| 英文名 | Rufous-faced Warbler |
| 分　类 | 雀形目 / 树莺科 |

体长：8～9厘米。

特征：体形甚小的活跃莺类。脸颊及头顶棕红色，有黑色侧冠纹。颈、背及尾橄榄绿色。喉部有黑色纵纹，胸部沾黄色，腹部白色，尾下覆羽淡黄色。

裸区：虹膜深褐色；上喙深灰色，下喙黄色；脚肉粉色。

居留类型：夏候鸟。

分布：全球分布于喜马拉雅山至中南半岛北部。我国主要分布于华南及东南部。历山低海拔林区可见。

习性：主要活动在历山地区低海拔阔叶林及林下的各类灌丛生境。常结小群或跟随长尾山雀等小型鸟类活动。主要以各类昆虫为食。

099

# 远东树莺

学　名 *Horornis borealis*
英文名 Manchurian Bush Warbler
分　类 雀形目 / 树莺科

体长：16～18厘米。

特征：体形较大的树莺。头顶显棕红色，背部、翼及尾羽棕褐色。有浅灰色眉纹，贯眼纹较细，颜色较深。胸腹部污白色。

裸区：虹膜黑色；喙肉褐色；脚肉粉色。

居留类型：夏候鸟。

分布：越冬于东南亚地区。在我国中东部地区常见。历山的中低海拔山地灌丛夏季常见。

习性：林区及农田生境各类灌丛生境中经常可以听到其鸣声。生性隐匿，繁殖期也会站在灌丛顶部鸣唱，声音似"咕噜—粪球！"。主要以各类昆虫为食。

历山国家级自然保护区常见鸟类识别手册

# 强脚树莺

| | |
|---|---|
| 学 名 | *Horornis fortipes* |
| 英文名 | Brownish-flanked Bush Warbler |
| 分 类 | 雀形目 / 树莺科 |

体长：11 ~ 12厘米。

特征：体形显著小于远东树莺。整体深褐色，头部纹路较模糊，眉纹皮黄色但显斑驳，深色贯眼纹至眼后逐渐变淡。喉部颜色较浅，腹部白色。脚较强健。

裸区：虹膜深褐色；喙肉褐色；脚粉褐色。

居留类型：夏候鸟。

分布：全球分布于喜马拉雅山脉及东南亚。我国广泛分布于华南地区。历山山地森林可见。

习性：相对于远东树莺更喜欢林下更加稠密、阴暗的灌丛。体形小，喜欢穿梭于稠密的灌丛。声音被似"你—回去"。主要以各类昆虫为食。

# 银喉长尾山雀

学 名 *Aegithalos glaucogularis*
英文名 Silver-throated Bushtit
分 类 雀形目 / 长尾山雀科

⚑ **体长**：14～16厘米。

➤ **特征**：尾羽较长的小型鸟类。头顶黑色，有白色顶冠纹。脸颊多为污白色，颏部有黑色斑块，胸腹部灰白色。背部灰蓝色，翼和尾羽黑色，外侧尾羽白色。亚成鸟具有红色眼圈，胸部有红褐色胸带。

👁 **裸区**：虹膜黑色；喙黑色；脚黑褐色。

🌡 **居留类型**：留鸟。

📍 **分布**：中国鸟类特有种。主要分布于华北地区至长江中下游地区，并延伸至青藏高原东部。历山山地林区常见。

☀ **习性**：群居鸟类，偏爱在山地针叶林或针阔叶混交林活动。以各种昆虫等无脊椎动物为食，兼食一些植物种子。

# 红头长尾山雀

学　名　*Aegithalos concinnus*
英文名　Black-throated Bushtit
分　类　雀形目 / 长尾山雀科

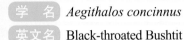

体长：14～16厘米。

特征：体色艳丽的长尾山雀。头顶栗红色，脸颊有黑色面罩，颏及喉白色且具黑色圆形胸兜，胸带栗红色，并向后延伸至两胁。背部、翅及尾羽灰色，最外侧尾羽白色。幼鸟无黑色胸兜，整体颜色更淡。

裸区：虹膜白色；喙黑色；脚褐色。

居留类型：留鸟。

分布：全球分布于喜马拉雅山脉至东南亚北部。我国主要分布于华南地区。历山低海拔阔叶林地区常见。

习性：群居鸟类，会与银脸长尾山雀等鸟类混群。以各种昆虫等无脊椎动物为食，兼食一些植物种子。

# 银脸长尾山雀

| 学　名 | *Aegithalos fuliginous* |
| 英文名 | Sooty Bushtit |
| 分　类 | 雀形目 / 长尾山雀科 |

**体长**：14～16厘米。

**特征**：体色灰暗的长尾山雀。脸颊银灰色，头顶及背部灰褐色，喉部下方向两侧延伸有醒目的白色领环。胸带颜色较背部更深，腹部白色。尾羽褐色，外侧尾羽白色。幼鸟有明显的白色顶冠纹。

**裸区**：虹膜白色；喙黑色；脚黑褐色。

**居留类型**：留鸟。

**分布**：中国鸟类特有种，分布于华中地区。历山林区常见。

**习性**：群居鸟类，分布于历山林区各个海拔的生境。会与其他小型鸟类混群。以各种昆虫等无脊椎动物为食，兼食一些植物种子。

# 山鹛

| 学　名 | *Rhopophilus pekinensis* |
| 英文名 | Chinese Hill Babbler |
| 分　类 | 雀形目 / 莺鹛科 |

**体长：** 16~18厘米。

**特征：** 上体灰褐色，头顶和背部具有黑色纵纹。眉纹灰白色，眼先及髭纹黑色。喉及胸腹部白色，两胁具有红棕色纵纹，外侧尾羽末端灰色。

**裸区：** 虹膜灰色；上喙黑褐色，下喙黄色；脚肉褐色。

**居留类型：** 留鸟。

**分布：** 我国东北南部，华北至青藏高原东部常见。历山山区低海拔林缘和农田边缘多见。

**习性：** 栖息于山区林缘较杂乱的灌木丛及草丛中，常结小群活动。繁殖期以昆虫为主，冬季也食用果实和植物种子。

# 棕头鸦雀

学　名　*Sinosuthora webbiana*
英文名　Vinous-throated Parrotbill
分　类　雀形目 / 莺鹛科

体长：10～12厘米。

特征：体形较小，整体红棕色的鸦雀。躯干紧实，长尾。头部棕红色，背部颜色偏灰，胸部颜色较浅，腹部灰白色。喙短而粗壮。

裸区：虹膜棕色；喙黑褐色；脚褐色。

居留类型：留鸟。

分布：全球见于东北亚和东南亚北部。我国胡焕庸线以东常见。历山地区低海拔林缘灌丛及湿地附近多见。

习性：栖息于历山地区海拔较低的灌草丛。冬季可结成大群在草丛中游荡。繁殖期以昆虫为主，冬季也食用果实和植物种子。

# 红胁绣眼鸟

学　名　*Zosterops erythropleurus*
英文名　Chestnut-flanked White-eye
分　类　雀形目 / 绣眼鸟科

**体长**：10～12厘米。

**特征**：体形较小的绿色小鸟。上体鲜亮的橄榄绿色，喉部和臀部柠檬黄色，胸腹部白色。具有明显的白色眼圈，眼先黑色。两胁有栗色斑块，但幼鸟不明显。

**裸区**：虹膜褐色；喙黑色或粉色；脚黑色。

**居留类型**：夏候鸟，旅鸟。

**分布**：越冬于东南亚。繁殖于我国华北、东北及更北的亚欧大陆东北部地区。历山高海拔林区可见繁殖鸟，旅鸟遍布历山地区各类绿地生境。

**习性**：繁殖鸟常活动于历山高海拔针叶林及混交林。迁徙季旅鸟常结大群通过。繁殖期主要以昆虫为食，兼食植物花蜜、果实和种子。

**保护等级**：国家二级。

雀形目

# 暗绿绣眼鸟

学　名　*Zosterops simplex*

英文名　Swinhoe's White-eye

分　类　雀形目 / 绣眼鸟科

体长：9～11厘米。

特征：体形较小的绿色小鸟。上体橄榄绿色，喉部和臀部柠檬黄色，胸腹部白色。具有明显的白色眼圈。

裸区：虹膜褐色；喙黑色；脚黑色。

分布：全球见于东南亚地区。我国中东部地区常见，越冬于华南地区。历山中低海拔林下可见。

居留类型：夏候鸟。

习性：繁殖于历山地区海拔较低的林区，偏爱阔叶林。常结小群游荡。繁殖期主要以昆虫为食，兼食植物花蜜、果实和种子。

# 斑胸钩嘴鹛

| 学 名 | *Erythrogenys gravivox* |
| 英文名 | Black-streaked Scimitar Babbler |
| 分 类 | 雀形目 / 林鹛科 |

体长：22～26厘米。

特征：体形较大的鹛类。上体褐色，脸颊锈色，黑色髭纹较长。胸前有黑色纵纹，两胁褐色，腹部白色。喙修长并下弯。

裸区：虹膜黄色；喙灰色；肉褐色。

居留类型：留鸟。

分布：全球见于喜马拉雅山至中南半岛北部。我国主要分布于华中及西南地区。历山低海拔林区可见。

习性：栖息于海拔较低的密集灌丛和矮树丛。繁殖期主要以昆虫等小型无脊椎动物为食，冬季也食用植物果实和种子。

雀形目

109

# 棕颈钩嘴鹛

| 学　名 | *Pomatorhinus ruficollis* |
| 英文名 | Streak-breasted Scimitar Babbler |
| 分　类 | 雀形目 / 林鹛科 |

**体长**：16～19厘米。

**特征**：中型鹛类。颈部为显著的棕栗色。白色眉纹长，眼先黑色，喉部白色。胸部褐色具有白色纵纹，腹部颜色更深。喙长，前端略下弯。

**裸区**：虹膜褐色；上喙浅灰色，下喙黄色；脚灰色。

**居留类型**：留鸟。

**分布**：全球见于喜马拉雅山至中南半岛北部。我国华南地区至西南地区广布。历山低海拔林区可见。

**习性**：常集群活动于低海拔阔叶林及林下灌丛。性羞怯，有时会跟随鸟类集群的身后出现。繁殖期主要以昆虫等小型无脊椎动物为食，冬季也食用植物果实和种子。

# 画眉

| 学　名 | *Garrulax canorus* |
| 英文名 | Hwamei |
| 分　类 | 雀形目 / 噪鹛科 |

**体长**：21～24厘米。

**特征**：中型噪鹛。整体黄褐色，具有显著的灰白色眼圈并延伸至头侧。脸颊颜色略深，头顶、颈部具有黑色的小纵纹。翼短圆，尾较长，尾羽具有黑色横斑。

**裸区**：虹膜灰色；喙黄色；脚黄色。

**居留类型**：留鸟。

**分布**：全球见于东南亚北部。主要分布于我国华南地区。历山低海拔林区可见。

**习性**：栖息于低海拔阔叶林区，尤其喜爱遍布矮乔木和灌丛且有水流的狭窄山谷。杂食，繁殖期以昆虫为主，冬季也食用果实和植物种子。

**保护等级**：国家二级。

# 灰翅噪鹛

学 名 *Trochalopteron cineraceum*
英文名 Moustached Laughingthrush
分 类 雀形目 / 噪鹛科

**体长**：24 ~ 26厘米。

**特征**：体形略小的噪鹛。头顶黑色，背部褐色。脸颊白色，有醒目的髭纹。翼上覆羽褐色，靠外侧飞羽灰蓝色，内侧飞羽有黑色端部和细小的白色端斑。尾羽褐色，显长，具有黑色次端斑和较小的白色端部。胸腹部颜色比背部更浅。

**裸区**：虹膜黄色；上喙黑色，下喙黄色；脚肉色。

**居留类型**：留鸟。

**分布**：全球见于南亚及中南半岛西部。我国广泛分布于华南地区。历山地区低海拔林区可见。

112

**习性**：栖息于低海拔地区相对开阔的灌丛生境，常结小群。繁殖期以昆虫为主，冬季也食用果实和植物种子。

# 橙翅噪鹛

| 学 名 | *Trochalopteron elliotii* |
| 英文名 | Elliot's Laughingthrush |
| 分 类 | 雀形目 / 噪鹛科 |

**体长：** 24 ~ 26厘米。

**特征：** 中型噪鹛。整体灰褐色。头部偏灰色，头胸和背部有浅色羽缘形成的鳞状斑纹。内侧飞羽外缘具有橙黄色，形成醒目的翼镜，外侧的飞羽形成灰色的翼纹。尾羽橙黄色，末端灰白色，尾下覆羽棕红色。

**裸区：** 虹膜白色；喙黑色；脚肉色。

**居留类型：** 留鸟。

**分布：** 中国鸟类特有种。我国中西部具有一定海拔的山区可见。历山山地森林可见。

**习性：** 栖息于混交林及针叶林中，喜爱林间的密集灌丛。杂食，繁殖期以捕食昆虫为主，冬季也食用果实和植物种子。

**保护等级：** 国家二级。

# 欧亚旋木雀

学 名 *Certhia familiaris*
英文名 Eurasian Treecreeper
分 类 雀形目 / 旋木雀科

**体长**：12～14厘米。

**特征**：体形修长。上体灰褐色且有灰白色纵纹，眉纹灰白色，胸腹部白色，两胁略沾皮黄色。喙略下弯，飞羽有白色横斑，尾羽较长，在树干爬行时可支撑躯干。

**裸区**：虹膜黑色；上喙褐色，下喙肉色；脚肉色。

**居留类型**：留鸟。

**分布**：全球分布于欧亚大陆北部。我国主要分布于东北、华北至青藏高原东缘，新疆北部也有分布。历山高海拔针叶林有分布。

**习性**：栖息于针叶林，常加入以山雀类为主的鸟类集群。通常从树的主干基部开始向树顶螺旋攀爬以取食树皮缝隙中的昆虫。

# 普通鳾

学 名　*Sitta europaea*
英文名　Eurasian Nuthatch
分 类　雀形目 / 鳾科

体长：12～14厘米。

特征：上体灰色，眉纹白色，贯眼纹黑色，腹面偏黄色，臀部有栗色的鳞状纹。

裸区：虹膜深色；喙黑色；脚黑褐色。

居留类型：留鸟。

分布：全球地区分布于整个古北界。我国中东部及东北地区常见。历山林区常见。

习性：栖息于各类森林生境。繁殖期营巢于树洞。冬季加入鸟类集群，在林区游荡。多活动于乔木的粗壮枝条，可在树干上倒立移动。繁殖期以捕食昆虫为主，冬季也食用果实和植物种子。

雀形目

115

# 红翅旋壁雀

学　名 *Tichodroma muraria*
英文名 Wallcreeper
分　类 雀形目 / 䴓科

⚒ **体长**：15 ~ 17厘米。

➤ **特征**：成鸟头及背部灰色，翼具醒目的绯红色斑纹。飞羽黑色，外侧尾羽羽端白色显著，初级飞羽可见两排白色点斑，飞行时展开成带状。繁殖期雄鸟脸及喉黑色，雌鸟黑色较少。非繁殖期成鸟喉偏白色。喙细长。

🐾 **裸区**：虹膜黑色；喙黑色；脚黑色。

🌡 **居留类型**：留鸟。

📍 **分布**：全球分布于亚欧大陆偏北部。我国主要分布于中西部山区，越冬时可达我国东部。栖身于历山山区峭壁及峡谷处，不常见。

🐦 **习性**：栖息于石质或土质崖壁，将细长的喙部伸入缝隙中觅食。

# 鹪鹩

学 名 *Troglodytes troglodytes*
英文名 Eurasian Wren
分 类 雀形目 / 鹪鹩科

体长：9~11厘米。

特征：身材敦实。通体褐色有黑色横纹，眉纹灰色，尾部经常翘起。

裸区：虹膜黑色；喙褐色；脚褐色。

居留类型：留鸟。

分布：广布于整个古北界，国内广泛分布。历山繁殖于高海拔林区，冬季常垂直迁徙于较开阔的湿地芦苇等高草生境。

习性：繁殖于海拔较高、郁闭度较高的林下生境。常营巢于枯枝堆或者乱石堆积的缝隙中。繁殖期以捕食昆虫等无脊椎动物为主。

# 褐河乌

| 学　名 | *Cinclus pallasii* |
| 英文名 | Brown Dipper |
| 分　类 | 雀形目 / 河乌科 |

**体长**：20～23厘米。

**特征**：周身深褐色，飞羽和尾羽颜色较深。眼睑白色，从水中越出后眨眼时可见。幼鸟身上有浅色的鳞状斑。

**裸区**：虹膜暗褐色；喙黑褐色；脚黑褐色。

**居留类型**：留鸟。

**分布**：全球分布于东北亚和东南亚地区。我国胡焕庸线以东和新疆北部可见。历山水流相对较平缓的山涧溪流可见。

**习性**：栖息于山间河谷或溪流，冬季游荡至不封冻的河谷。常见尾部翘起站立于河边卵石上，并上下摆动。紧贴水面飞行。可短距离潜入水中，在水下行走捕食各种小型动物为食。

# 灰椋鸟

| | |
|---|---|
| 学　名 | *Spodiopsar cineraceus* |
| 英文名 | White-cheeked Starling |
| 分　类 | 雀形目 / 椋鸟科 |

体长：20～22厘米。

特征：雄鸟头部黑色为主，两颊白色，背部和腹部灰褐色，腰部白色，飞羽和尾羽黑色，外侧尾羽末端白色。雌鸟较雄鸟颜色略暗淡。

裸区：虹膜深色；喙橙红色，喙尖黑色；脚橙红色。

居留类型：留鸟。

分布：全球见于东北亚地区。我国胡焕庸线以东常见。历山低海拔开阔生境常见。

习性：喜爱低海拔农田生境，冬季有集群游荡的习性，生活于人类聚落周围。食性杂，繁殖期捕食昆虫为主，冬季也食用果实和植物种子。

# 灰头鸫

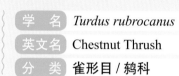

| | |
|---|---|
| 学 名 | *Turdus rubrocanus* |
| 英文名 | Chestnut Thrush |
| 分 类 | 雀形目 / 鸫科 |

体长：24～29厘米。

特征：大型鸫科鸟类，雄鸟头颈灰褐色，有醒目的黄色鸟喙和眼圈。躯干整体为栗色，翅和尾为黑色。

裸区：虹膜深褐色；喙黄色；脚黄色。

居留类型：夏候鸟。

分布：全球分布于喜马拉雅山脉至南亚部分地区。我国主要分布于华中至西南山区。历山山地高海拔地区有夏候鸟。

习性：栖息于历山高海拔生境，多在亚高山草甸林缘附近活动。繁殖期以昆虫为主，冬季也食用果实和植物种子。

# 褐头鸫

学 名 *Turdus feae*

英文名 Grey-sided Thrush

分 类 雀形目 / 鸫科

📏 体长：22 ~ 23厘米。

📐 特征：上体褐色，有显著的白色眉纹，眼下也有白色的弧形纹，眼先颜色较深。胸部灰褐色，两胁及腹部灰色。

💀 裸区：虹膜深褐色；上喙灰色，下喙黄色；脚褐色。

📍 分布：越冬于东南亚地区。繁殖于我国华北地区。历山高海拔地区有繁殖个体。

🌡 居留类型：夏候鸟。

⚙ 习性：性羞怯，不甚常见。繁殖于高海拔的针叶林生境，历山舜王坪附近林缘有观测记录。繁殖期主要以昆虫为食。

🔍 保护等级：国家二级。

雀形目

121

# 红尾斑鸫

学　名　*Turdus naumanni*
英文名　Naumann's Thrush
分　类　雀形目 / 鸫科

📏 **体长**：24~26厘米。

🎯 **特征**：大型鸫科鸟类，色彩较杂乱。上体砖灰色，腹面白色，眉纹和颊纹红棕色，颈侧和腰部砖红色，胸部和两胁具有砖红色的斑纹，尾羽边缘为红棕色，尾端黑褐色。雌鸟和幼鸟的眉纹及颊纹掺杂白色。

👁 **裸区**：虹膜深色；喙黑色；脚肉褐色。

🌡 **居留类型**：冬候鸟。

📍 **分布**：迁徙或越冬于我国中东部地区。繁殖于亚欧大陆北部。历山冬季可见。

⚙ **习性**：秋冬季迁徙和越冬时结小群活动于地面，会在阔叶林下落叶中翻捡食物。通常和斑鸫混群，但数量通常多于斑鸫。冬季多取食植物果实和种子。

# 斑鸫

学　名　*Turdus eunomus*
英文名　Dusky Thrush
分　类　雀形目 / 鸫科

体长：24 ~ 26厘米。

特征：大型鸫科鸟类，色彩较杂乱。上体偏黑褐色，腹面白色。有宽阔的白色眉纹，耳羽深褐色。胸腹部的三角斑纹为黑色，通体无红棕色。翼上有大块的栗色斑块，尾羽黑色。

裸区：虹膜深褐色；喙黑色；脚黑褐色。

居留类型：冬候鸟。

分布：繁殖于亚欧大陆北部。迁徙或越冬于我国中东部地区。历山冬季可见。

习性：秋冬季迁徙和越冬时结小群活动于地面，会在阔叶林下落叶中翻捡食物。通常和红尾鸫混群，但数量较少。冬季多取食植物果实和种子。

# 宝兴歌鸫

学　名　*Turdus mupinensis*
英文名　Chinese Thrush
分　类　雀形目 / 鸫科

体长：24～29厘米。

特征：中等体形的鸫类。头顶同整个上体为橄榄褐色，脸颊显灰色。眼下有竖状的黑色斑点，耳羽后亦有黑色月牙形斑块。两翼颜色较背部略深，翼斑两条。下体污白色，从喉至胸部有逐渐变大的黑色斑点，并延伸至两胁。

裸区：虹膜深褐色；喙暗灰色，下喙基部色浅；脚肉粉色。

居留类型：夏候鸟。

分布：主要分布于中国，繁殖于华中、华北及东北地区偏南部，越冬于西南山地。朝鲜半岛偶有记录。历山林区可见。

习性：多繁殖于历山山地中高海拔针阔混交林。常在地面活动，于落叶中翻捡蠕虫等食物。叫声甜美。

# 白腹短翅鸲

学　名　*Luscinia phoenicuroides*
英文名　White-bellied Redstart
分　类　雀形目 / 鹟科

**体长**：16～19厘米。

**特征**：雄鸟上体和头胸部蓝色，腹部白色，两胁暗灰色，肩部有白色点斑，翼和尾羽颜色较深，外侧尾羽基部橘红色，尾下覆羽有白斑。雌鸟除腹部白色外，其他部位均为黄褐色。

**裸区**：虹膜深色；喙黑色；脚肉褐色。

**居留类型**：夏候鸟。

**分布**：越冬于东南亚地区。我国西南及华北山地均可见到。历山高海拔地区可见。

**习性**：常活动于高海拔地区林线附近的稠密灌丛，也会出现在林窗附近。性羞怯，常在灌丛下活动。繁殖期多以昆虫为食。

雀形目

125

# 红胁蓝尾鸲

| 学　名 | *Tarsiger cyanurus* |
| --- | --- |
| 英文名 | Orange-flanked Bluetail |
| 分　类 | 雀形目 / 鹟科 |

**体长：** 13～15厘米。

**特征：** 雄鸟上体亮蓝色，翼颜色较深。有白色眉纹，腹面白色，两胁为醒目的橙黄色。雌鸟全身以灰褐色为主，仅腰部和尾羽蓝色。

**裸区：** 虹膜黑色；喙黑色；脚灰褐色。

**居留类型：** 旅鸟，冬候鸟。

**分布：** 全球分布于亚欧大陆的东部。我国中东部地区常见。迁徙季（历山地区可见过境鸟）低海拔地区也有冬候鸟越冬。

**习性：** 大部分繁殖于高纬度地区，迁徙季会大量通过历山地区。冬季低海拔地区亦可以见到冬候鸟，常和山雀类混群。繁殖期捕食昆虫为主，冬季也食用果实和植物种子。

# 北红尾鸲

学　名　*Phoenicurus auroreus*

英文名　Daurian Redstart

分　类　雀形目 / 鹟科

体长：13～15厘米。

特征：雄鸟头顶和枕部白色，并延伸至背；脸颊、喉、背部、翼黑色；胸腹部和腰部橘红色；翼上有一块明显的白色翼斑；中央尾羽黑色，两侧尾羽棕红色。雌鸟头部、背部和胸腹部暗褐色，翼斑面积较小。亚成鸟身上有明显的皮黄色斑点。

裸区：虹膜黑色；喙黑色；脚黑色。

居留类型：夏候鸟，旅鸟。

分布：全球繁殖于东北亚地区。我国除西北和青藏高原外，中东部地区常见。越冬于我国华南及东南亚地区。历山各类生境夏季常见。

习性：繁殖于历山各海拔林区和村庄周围的绿地生境。栖息于山区林地，对人类环境适应性较好。主要以昆虫等无脊椎动物为食。非繁殖期兼食植物果实和种子。

# 红尾水鸲

学　名　*Rhyacornis fuliginosa*

英文名　Plumbeous Water Redstart

分　类　雀形目 / 鹟科

🔀 **体长**：13 ~ 14厘米。

🧭 **特征**：雄鸟蓝灰色，翼上颜色较深，尾上覆羽和尾羽红色。雌鸟上体灰色，翅翼上颜色较深，有两条白色翼斑；尾羽黑色，基部白色；胸腹部有浅色鳞状斑纹。幼鸟似雌鸟，身上有浅色羽缘形成的斑点。

🐾 **裸区**：虹膜黑色；喙黑色；脚黑色。

🌡 **居留类型**：留鸟。

📍 **分布**：全球见于喜马拉雅山脉至东南亚北部。我国广泛分布于中东部地区。历山山区溪流、河谷常见。

✋ **习性**：多栖息于山间溪流和河谷。常观察到尾羽扇形打开并上下摆动。繁殖期以捕食昆虫为主，冬季也食用果实和植物种子。

# 白顶溪鸲

| 学 名 | *Chaimarrornis leucocephalus* |
| 英文名 | White-capped Water Redstart |
| 分 类 | 雀形目 / 鹟科 |

**体长**：18 ~ 19厘米。

**特征**：体大的红尾鸲，颜色鲜明。成鸟头部为醒目的白色。脸颊、胸及背部为黑色。腰、尾基部及腹部栗色。雄雌同色。亚成鸟颜色灰暗，头顶具黑色鳞状斑纹。

**裸区**：虹膜黑色；喙黑色；脚黑色。

**居留类型**：留鸟。

**分布**：全球见于喜马拉雅山脉南麓及向中亚地区延伸的带状区域。我国主要分布于西南地区及华中地区，华北地区不常见。历山山区溪流、河谷可见。

**习性**：常站立于水边突出的岩石上，做出点头抖尾的动作。冬季多在未封冻的流水处活动。善于在水面取食各类小型水生生物。

# 紫啸鸫

| 学　名 | *Myophonus caeruleus* |
| 英文名 | Blue Whistling Thrush |
| 分　类 | 雀形目 / 鸫科 |

体长：30 ~ 35厘米。

特征：本区域内体形最大的鸫科鸟类。全身深紫蓝色，头、胸、背部密布着浅色的点状斑纹。

裸区：虹膜深色；喙黑色；脚黑色。

居留类型：夏候鸟。

分布：全球见于喜马拉雅山脉南麓、东南亚北部等地。我国华南及中东部地区常见。历山山地林区可见。

习性：栖息于靠近溪流及多岩石的林下生境，在地面翻找食物。常观察到尾羽展开及上下摆动。繁殖期以捕食昆虫以及小型两栖类和爬行类为主，冬季也食用果实和植物种子。

# 白额燕尾
（白冠燕尾）

学　名　*Enicurus leschenaulti*

英文名　White-crowned Forktail

分　类　雀形目 / 鹟科

体长：13～15厘米。

特征：体形较长。有黑白分明的燕尾。成鸟有显著的白色前额，张开可形成羽冠。枕部、背、胸部为黑色，腰和腹部同为白色。尾羽甚长，有较宽阔的白色端斑纹。

裸区：虹膜黑色；喙黑色；脚浅粉色。

居留类型：留鸟。

分布：全球分布于南亚北部和东南亚地区。我国华南地区常见。历山中低海拔的溪流附近常见。

习性：喜爱中低海拔的溪流生境，性活跃，常在溪流附近岩石上跳跃行走。冬季多在未封冻的流水处活动。善于取食各类小型水生生物。

# 东亚石䳭

学　名　*Saxicola stejnegeri*

英文名　Stejneger's Stonechat

分　类　雀形目 / 鹟科

📷 体长：12～14厘米。

🧭 特征：雄鸟头部黑色，背部、翼和尾羽黑色，腹部白色，胸部棕红色，两胁和腰、腹部沾较浅的棕红色。雌鸟上体黄褐色，有黑色暗纹，翼和尾羽黑色，腹部皮黄色，胸部颜色较深。

💀 裸区：虹膜深色；喙黑色；脚黑色。

🌡 居留类型：旅鸟，夏候鸟。

📍 分布：国外见于东北亚和东南亚地区。我国中东部常见。历山开阔草地迁徙季易见，舜王坪亦可见到繁殖鸟。

⚙ 习性：喜爱开阔的稀疏林地和灌丛草地，迁徙时各种生境可见。繁殖期多以昆虫为食。

# 绿背姬鹟

| 学　名 | *Ficedula elisae* |
| 英文名 | Green-backed Flycatcher |
| 分　类 | 雀形目 / 鹟科 |

体长：20 ~ 25厘米。

特征：体形偏小的黄绿色鹟。雄鸟头顶暗绿色，眉纹黄色；背部和肩羽暗绿色；两翼黑色，有一条宽阔的白色翼斑；腰部为鲜艳的黄色；下体黄色，尾下覆羽白色，尾羽黑色。雌鸟周身灰绿色。

裸区：虹膜黑色；喙黑色；脚黑色。

居留类型：夏候鸟。

分布：繁殖于我国华北地区，越冬于中南半岛，迁徙时经过我国华南地区。历山中低海拔生境常见。

习性：繁殖期多在中低海拔阔叶林和混交林生境，偏爱栎类占优势的生境。第一年雄鸟有羽毛延迟成熟的现象。繁殖期多以昆虫为食。

# 红喉姬鹟

| | |
|---|---|
| 学　名 | *Ficedula albicilla* |
| 英文名 | Taiga Flycatcher |
| 分　类 | 雀形目 / 鹟科 |

体长：12～14厘米。

特征：小型鹟类。雄鸟繁殖羽上体以灰褐色为主，脸颊颜色稍淡，眼大，有较细的白色眼圈；颏及喉部为橙红色，下体污白色；飞羽颜色较上体更深，尾羽黑色，基部有明显的白色区域。雄鸟非繁殖羽颏及喉部为灰白色，雌鸟与雄鸟非繁殖羽相似。

裸区：虹膜深褐色；喙黑色；脚黑色。

居留类型：夏候鸟。

分布：繁殖于亚欧大陆东北部的泰加林区，越冬于东南亚，迁徙季大量途经我国中东部地区。历山地区迁徙季常见。

习性：迁徙季低海拔的各类绿地生境常见。偏爱较开阔的林下空间，停栖时常做出典型的翘尾动作。多以昆虫为食。

# 中华仙鹟

| 学　名 | *Cyornis glaucicomans* |
| 英文名 | Chinese Blue Flycatcher |
| 分　类 | 雀形目 / 鹟科 |

体长：13～15厘米。

特征：鲜艳的小型鹟类。雄鸟上体为鲜艳的蓝色，胸部橙色，并向上呈"∧"形延伸至喉部；腹部和尾下覆羽白色。雌鸟上体浅褐色，胸部橙色，腹部白色。

裸区：虹膜深色；喙黑色；脚黑色。

居留类型：夏候鸟。

分布：繁殖于我国中部和西南山地。越冬于东南亚。历山低海拔林区可见。

习性：繁殖于历山地区低海拔郁闭度较高的阔叶林生境。不常见，历山地区可能是此鸟种最东北的分布地。繁殖期多以昆虫为食。

# 麻雀

| 学　名 | *Passer montanus* |
| 英文名 | Eurasian Tree Sparrow |
| 分　类 | 雀形目 / 雀科 |

📏 **体长**：13 ~ 15厘米。

🧭 **特征**：雌雄相近，头顶栗色，脸颊白色且有黑色斑块。眼先和颏喉部黑色。背部、翼和尾羽黄褐色，背部和肩部有黑色纵纹，尾羽灰褐色，腹部污白色。雄鸟喉部的黑色区域较雌鸟略大。幼鸟颏部和脸颊没有黑色。

🎨 **裸区**：虹膜黑色；喙黑色，幼鸟喙角黄色；脚肉褐色。

🌡 **居留类型**：留鸟。

📍 **分布**：全球广布整个亚欧大陆，见于欧洲和亚洲大部分地区。我国绝大部地区可见。历山地区城乡周围及农田周围常见。

💿 **习性**：国内最常见鸟类，喜活动于人类聚落周围。非繁殖期可结大群。食性杂，繁殖期以捕食昆虫为主，冬季也食用果实和植物种子。

# 山麻雀

| 学　名 | *Passer cinnamomeus* |
| --- | --- |
| 英文名 | Russet Sparrow |
| 分　类 | 雀形目 / 雀科 |

體长：13～15厘米。

特征：雄鸟似麻雀，但颜色更加鲜亮，两颊无黑斑，头背部棕红色。雌鸟上体土黄色，有明显的皮黄色眉纹。

裸区：虹膜深色；喙黑色，幼鸟喙角黄色；脚肉褐色。

居留类型：夏候鸟。

分布：全球见于东北亚、东南亚和喜马拉雅山南麓。我国中东部地区常见。历山山区夏季常见。

习性：多栖息于中低海拔地区的林缘及灌丛。营巢于树洞或人工建筑物空隙。北方地区为夏候鸟，南方地区为留鸟。杂食，繁殖期以捕食昆虫为主，冬季也食用果实和植物种子。

# 山鹡鸰

学 名 *Dendronanthus indicus*

英文名 Forest Wagtail

分 类 雀形目 / 鹡鸰科

**体长**：15～17厘米。

**特征**：上体灰绿色，有白色眉纹。翼和尾羽黑色，翼上有两道明显的白色翼斑，最外侧尾羽白色。腹面白色，胸前有两条黑色胸带，第一条中间向下延伸呈"T"字形，第二条中间断开。

**裸区**：虹膜深色；上喙黑色，下喙黄褐色；脚肉粉色。

**居留类型**：夏候鸟。

**分布**：我国胡焕庸线以东常见。越冬于东南亚地区。历山中低海拔阔叶林可见。

**习性**：栖息于低山林区，飞行时呈波浪状。停栖时尾部会有规律地左右晃动。我国大部分地区为繁殖鸟，冬季向南迁徙至我国岭南地区和东南亚越冬。主要以昆虫和各种无脊椎动物为食。

138

# 白鹡鸰

| 学　名 | *Motacilla alba* |
| 英文名 | White Wagtail |
| 分　类 | 雀形目 / 鹡鸰科 |

**体长**：16～20厘米。

**特征**：黑、白、灰颜色分明的鹡鸰。头顶、胸部、背部、翼和尾羽黑色，翼上有大块白色，两颊、喉部和腹部白色。幼鸟灰色居多，有些沾淡黄色。常见尾部上下有规律地抖动。

**裸区**：虹膜黑色；喙黑色；脚黑色。

**居留类型**：夏候鸟，旅鸟，少量为冬候鸟。

**分布**：全球分布于整个亚欧大陆和北非地区。我国全国性常见。历山低海拔地区夏季常见。

**习性**：多栖息于较为开阔的湿地生境。飞行时呈波浪状。北方繁殖，冬季结小群迁徙至南方越冬。冬季低海拔地区可见少数的越冬个体。主要以各种水生或近水昆虫等小型无脊椎动物为食。

# 灰鹡鸰

| | |
|---|---|
| 学　名 | *Motacilla cinerea* |
| 英文名 | Grey Wagtail |
| 分　类 | 雀形目 / 鹡鸰科 |

**体长**：16～18厘米。

**特征**：上体灰色，眉纹和颊纹白色，翼和尾羽黑色，最外侧尾羽白色，胸腹部和腰为柠檬黄色。雄鸟繁殖羽颏喉部黑色，非繁殖羽白色，雌鸟全年均为白色。

**裸区**：虹膜深褐；喙黑色；脚黑褐色。

**居留类型**：夏候鸟，旅鸟。

**分布**：全球见于整个欧亚大陆和北非。我国除青藏高原和西北干旱区外，各地常见。历山夏季河流湿地附近常见。

**习性**：相比白鹡鸰更喜欢山区溪流。迁徙季可见较大的集群，飞行时呈波浪状。停栖时常见尾部上下有规律地抖动。主要以各种水生或近水昆虫等小型无脊椎动物为食。

# 树鹨

学　名　*Anthus hodgsoni*
英文名　Olive-backed Pipit
分　类　雀形目 / 鹡鸰科

体长：15 ~ 17厘米。

特征：上体橄榄绿色。头顶和背部有深色纵纹。眉纹为典型的双色构成，前段为黄色，后段为暖白色。耳羽后缘有一小块明显的白斑。胸部和腹部白色且有明显的黑色纵纹，翅膀和尾羽颜色较深。

裸区：虹膜黑色；上喙深灰色，下喙肉褐色；脚肉粉色。

居留类型：夏候鸟，旅鸟。

分布：全球繁殖于东北亚地区，越冬于东南亚和南亚。我国除青藏高原和西北干旱区外，各地常见。历山舜王坪等高海拔林缘或灌丛有繁殖鸟，迁徙季大量通过。

习性：迁徙季大部分绿地生境可见。杂食，繁殖期以捕食昆虫为主，冬季也食用果实和植物种子。

# 粉红胸鹨

学　名　*Anthus roseatus*
英文名　Rosy Pipit
分　类　雀形目 / 鹡鸰科

🏞 **体长**：15～16厘米。

🧭 **特征**：上体橄榄色，背部有黑色粗纵纹。头部眉纹较其他鹨更为宽阔。繁殖期下体粉红色而几无纵纹，眉纹亦为粉红色。非繁殖期眉纹皮黄色，粉色消退，胸及两胁具浓密的黑色点斑或纵纹。

💀 **裸区**：虹膜深褐色；上喙深灰色，下喙基部粉色；脚肉粉色。

🌡 **居留类型**：夏候鸟，旅鸟。

📍 **分布**：越冬于东南亚和南亚。繁殖于我国青藏高原、西南地区及华北地区的高山生境，常选择高山草甸等生境。历山舜王坪亚高山草甸附近的低矮灌丛生境有少量繁殖个体。

👐 **习性**：常停栖于裸露的岩石之上。繁殖期以捕食昆虫为主。

# 燕雀

**学 名** *Pringilla montifringilla*
**英文名** Brambling
**分 类** 雀形目 / 燕雀科

**体长**：18~20厘米。

**特征**：成年雄鸟繁殖羽头及颈背黑色，喉部、胸部及肩为橙色。腹部白色，飞羽及尾黑色，尾羽叉型。非繁殖期的雄鸟与雌鸟相似，更加暗淡。头部明显偏褐，喉及胸部橙色更淡。

**裸区**：虹膜黑色；喙蜡黄色，喙尖黑色；脚肉粉色。

**居留类型**：冬候鸟。

**分布**：繁殖于亚欧大陆的东北部。我国中东部地区常见。历山地区低海拔林区常见。

**习性**：冬季常集群活动于低海拔林区，常集群于地面翻捡食物。迁徙季偶见数以万计的个体集群迁徙。

# 灰头灰雀

学　名　*Pyrrhula erythaca*

英文名　Gray-headed Bullfinch

分　类　雀形目 / 燕雀科

**体长**：15 ~ 16厘米。

**特征**：体大结实的燕雀科鸟类。鸟喙短粗，围绕喙基部的前额、眼周、颏部均为黑色，并延伸至眼后。雄鸟主体为灰色，胸部至上腹部橙色；翼上覆羽灰色，上有黑色斑块，飞羽黑色；腰白色，尾羽黑色。雌鸟褐色为主。

**裸区**：虹膜黑色；喙灰色；脚暗粉色。

**居留类型**：留鸟。

**分布**：全球分布于喜马拉雅山南麓。国内主要分布于西南、华中及华北偏南部山地。历山山地林区有分布。

144

**习性**：夏季繁殖于海拔较高的针叶林或混交林区，常活跃于林间灌丛，冬季多结小群垂直迁徙于低海拔地区。食性杂。

# 普通朱雀

| 学 名 | *Carpodacus erythrinus* |
| 英文名 | Common Rosefinch |
| 分 类 | 雀形目 / 燕雀科 |

⚁ **体长**：14～16厘米。

⬈ **特征**：雄鸟头部、颏喉、腰部红色，背部颜色偏褐色，上腹部红色较淡，下腹部白色，飞羽和尾羽暗褐色。雌鸟整体橄榄褐色，头背和喉胸部有深色纵纹，腹部较白。

⚇ **裸区**：虹膜深色；喙黑色；脚肉褐色。

⚂ **居留类型**：旅鸟，夏候鸟。

⚐ **分布**：繁殖于欧亚大陆偏北部，越冬于华南及东南亚地区。我国大部分地区可见。历山舜王坪附近高海拔地区有繁殖鸟，迁徙季亦有大量通过。

⚘ **习性**：常在林缘活动。迁徙季各类生境可见，常结小群。取食嫩芽、种子等植物。

雀形目

145

# 酒红朱雀

学　名　*Carpodacus vinaceus*

英文名　Vinaceous Rosefinch

分　类　雀形目 / 燕雀科

体长：13 ~ 15厘米。

特征：体形较小的朱雀。雄鸟全身酒红色，腰部颜色较淡，有醒目的白色眉纹，翼上覆羽及飞羽深色。雌鸟暗褐色而具深色纵纹。

裸区：虹膜黑色；喙灰色；脚黑褐色。

居留类型：留鸟。

分布：全球分布于喜马拉雅山南麓。我国主要分布于西南、华中及华北偏南部山地。历山舜王坪附近高海拔地区有繁殖。

习性：常在林缘活动。冬季可能短距离迁徙至华中地区。

# 长尾雀

学　名 *Carpodacus sibiricus*
英文名 Long-tailed Rosefinch
分　类 雀形目 / 燕雀科

体长：16～17厘米。

特征：尾部较长的朱雀。历山地区分布有*C. s. lepidus*亚种。雄鸟头顶和脸颊为银白色，喙基部和眼周为深红色；上背部粉色，有黑色纵纹，下背部至腰部粉色无纵纹；两翼黑色，具有宽阔的白色翼斑；下体粉色偏灰；中部尾羽黑色，外侧白色，合拢时可见明显的白色外缘。雌鸟全身灰褐色，周身具有深色纵纹，亦可见宽阔的白色翼斑。

裸区：虹膜黑色；喙短粗呈灰色；脚暗粉色。

居留类型：留鸟。

分布：全球地区分布于东北亚地区。我国主要分布于东北、华北及西南山地。历山山区中低海拔林区可见。

习性：冬季常活动于农田周边。多取食嫩芽种子等植物性食物。

雀形目

147

# 金翅雀

学　名　*Chloris sinica*
英文名　Grey-capped Greenfinch
分　类　雀形目 / 燕雀科

体长：12 ~ 14厘米。

特征：整体黄绿色，头部偏灰色，背部和胸腹部暗褐色，翼和尾羽黑色，腰部、飞羽和尾羽末端金黄色，飞行时翼上可见明显的黄色斑块。雄鸟眼周黑色，前额、眉纹和颏部黄绿色。雌鸟头部黄绿色区域较少，有不明显浅色眉纹。亚成鸟似雌鸟，背部和胸腹部有深色暗纹。

裸区：虹膜深褐色；喙粉色；脚粉色。

居留类型：留鸟。

分布：全球见于东北亚和东南亚北部地区。我国中东部地区常见。历山低海拔地区开阔生境常见。

习性：栖息于各类开阔生境，冬季常集小群在农田周围活动。多以种子、植物嫩芽等为食。

# 灰眉岩鹀
# （戈氏岩鹀）

| 学　名 | *Emberiza godlewskii* |
| 英文名 | Godlewski's Bunting |
| 分　类 | 雀形目 / 鹀科 |

**体长**：15 ～ 17厘米。

**特征**：尾长的鹀类。头胸部灰色，头顶和贯眼纹棕褐色，顶冠纹灰色，眼先和颊纹黑色。胸腹部和翼黄褐色，肩部和腰部栗红色，背部有黑色纵纹。飞羽和尾羽颜色较深，外侧尾羽白色。幼鸟头胸部多纵纹。

**裸区**：虹膜深色；喙黑灰色；脚肉褐色。

**居留类型**：留鸟。

**分布**：全球见于蒙古国到中亚地区。我国西南、华中和华北山区常见。历山山地多裸露岩石区域常见。

**习性**：栖息于多岩的山区灌丛，喜欢立于明显处鸣唱。杂食，繁殖期以采食昆虫为主，非繁殖期多进食种子等植物性食物。

# 三道眉草鹀

学　名　*Emberiza cioides*
英文名　Meadow Bunting
分　类　雀形目 / 鹀科

体长：16～18厘米。

特征：雄鸟头顶、两颊和胸部深栗色，眼先黑色，眼下有一白一黑两条颊纹，眉纹、颏喉和颈侧灰白色；胸腹部和两翼黄褐色，背部有黑色纵纹，飞羽和尾羽颜色较深，外侧尾羽白色。雌鸟头胸部的深栗色区域较浅。幼鸟头胸部有纵纹。

裸区：虹膜深色；喙黑灰色；脚肉褐色。

居留类型：留鸟。

分布：全球分布于东北亚地区。我国除青藏高海拔地区外，各地常见。历山低海拔地区常见。

习性：栖息于低海拔的灌丛生境，常在灌丛顶部鸣唱。杂食，繁殖期以采食昆虫为主，非繁殖期多进食种子等植物性食物。

# 小鹀

学　名　*Emberiza pusilla*
英文名　Little Bunting
分　类　雀形目 / 鹀科

⚜ **体长**：12 ~ 14厘米。

➤ **特征**：雄鸟头顶栗色，侧冠纹黑色，眉纹、眼周、脸颊、颊部栗红色，眼后有一条黑线；喉部、颈部和腹部白色，胸及两胁有黑色纵纹；背部、翼和尾羽黄褐色，背部有黑色纵纹，外侧尾羽白色。雌鸟和幼鸟头顶具深色纵纹。

☻ **裸区**：虹膜深色；喙黑灰色；脚肉褐色。

🌡 **居留类型**：旅鸟，冬候鸟。

📍 **分布**：全球广泛见于欧亚大陆。我国除西北地区外，各地常见。历山低海拔地区开阔生境冬季可见。

✋ **习性**：繁殖于欧亚大陆北方的泰加林和灌丛。杂食，繁殖期以采食昆虫为主，非繁殖期多进食种子等植物性食物。

# 黄喉鹀

学 名　*Emberiza elegans*

英文名　Yellow-throated Bunting

分 类　雀形目 / 鹀科

**体长**：14~16厘米。

**特征**：雄鸟具黑色冠羽，眉纹前白后黄，颏部黄色；眼周和脸颊黑色，颏部黄色，喉部、颈部和腹部白色，胸部黑色，两胁有红棕色纵纹，背部、翼和尾羽黄褐色，背部有黑色纵纹，翼和尾羽颜色较深，最外侧尾羽白色。雌鸟冠羽褐色，头部眼周和脸颊褐色，黄色区域颜色较浅。

**裸区**：虹膜深色，喙铅灰色，脚肉褐色。

**居留类型**：留鸟。

**分布**：全球繁殖于东北亚地区。北方繁殖的种群会向南迁徙至华南和东南亚北部越冬。我国胡焕庸线以东常见。历山山地林区易见。

**习性**：繁殖于历山林区灌丛较多的生境。冬季常结小群游荡于农田周边的密林和灌丛生境。杂食，繁殖期以捕食昆虫为主，非繁殖期多进食种子等植物性食物。

# 中文名索引

历山国家级自然保护区常见鸟类识别手册

# 学名索引

学名索引

157

# 英文名索引

历山国家级自然保护区常见鸟类识别手册

英文名索引